T0195051

Mathematik-Formeln kompakt für BWL-Bachelor

Bernd Luderer

Mathematik-Formeln kompakt für BWL-Bachelor

Bernd Luderer
Fakultät für Mathematik
Technische Universität Chemnitz
Chemnitz, Deutschland

ISBN 978-3-658-17635-8   ISBN 978-3-658-17636-5 (eBook)
DOI 10.1007/978-3-658-17636-5

Die Deutsche Nationalbibliothek verzeichnet diese Publikation in der Deutschen Nationalbibliografie; detaillierte bibliografische Daten sind im Internet über http://dnb.d-nb.de abrufbar.

Springer Gabler
© Springer Fachmedien Wiesbaden GmbH 2017

Planung: Ulrike Schmickler-Hirzebruch

Gedruckt auf säurefreiem und chlorfrei gebleichtem Papier.

Springer Gabler ist Teil von Springer Nature
Die eingetragene Gesellschaft ist Springer Fachmedien Wiesbaden GmbH
Die Anschrift der Gesellschaft ist: Abraham-Lincoln-Strasse 46, 65189 Wiesbaden, Germany

Vorwort

Diese Formelsammlung wendet sich an Bachelor-Studenten der Wirtschafts- und Sozialwissenschaften an Universitäten, Fachhochschulen, Berufsakademien, Weiterbildungseinrichtungen, aber auch an Praktiker. Sie soll dem schnellen Nachschlagen von Formeln und Fakten dienen, sei es im Selbststudium, bei der Lösung konkreter Aufgaben oder in der Prüfung.

In übersichtlicher und klar strukturierter Weise wurden nur die wirklich wichtigsten, unverzichtbaren Formeln und Begriffe aufgenommen und wo immer möglich erläutert. Auch auf ökonomische Anwendungen wurde großer Wert gelegt. Damit unterscheidet sich dieses leistungsfähige, aber dennoch handliche Nachschlagewerk deutlich von allgemein mathematischen oder solchen, die sich an Ingenieure richten.

Der Inhalt umfasst die folgenden Gebiete: Mengen und Aussagen, Rechnen mit Zahlen, Folgen und Reihen, Differenzial- und Integralrechnung für Funktionen einer und mehrerer Veränderlicher, Kombinatorik, Lineare Algebra, Grundzüge der Linearen Optimierung sowie Finanzmathematik. Ein umfangreiches Sachwortverzeichnis erleichtert das schnelle Auffinden von Formeln, Algorithmen und Begriffen.

Wie soll man eine Formelsammlung benutzen? Zunächst muss man sich Klarheit über das zu lösende Problem verschaffen, danach eine oder mehrere, miteinander zu kombinierende Formeln suchen, die gegebenenfalls anzupassen sind, denn die Bezeichnungen können sich von denen des Problems durchaus unterscheiden. Ferner wird es häufig vorkommen, dass die Formeln umzuformen sind, um eine gesuchte Größe berechnen zu können. Auch für die Anwendung von Algorithmen sind gegebenenfalls vorher Umformungen und Anpassungen durchzuführen. Mit einem Wort – es bedarf gewisser mathematischer Fertigkeiten. Wichtig ist ferner die anschließende Interpretation der gefundenen Lösung (unter Berücksichtigung von Maßeinheiten) und deren Überprüfung auf Plausibilität.

Die vorliegende Formelsammlung entstand im Ergebnis langjähriger Lehrtätigkeit an der Technischen Universität Chemnitz sowie in verschiedenen Weiterbildungskursen. Es wurde bewusst auf die Aufnahme von Beispielen verzichtet, denn in der Regel ist das Nutzen von Beispielen in einer Prüfung nicht erlaubt. Zahlreiche, sehr oft anwendungsorientierte Beispiele unterschiedlichen Schwierigkeitsgrades findet man beispielsweise in den Büchern [3], [4], [8], [9].

Selbstverständlich kann eine Formelsammlung niemals ein Lehrbuch ersetzen, denn nur dort findet man Herleitungen, Erläuterungen und mathematisch-ökonomische Hintergründe. Empfohlen seien die Werke [1], [2], [6], [7], [10].

Schließlich sei noch auf einige weitere, zum Teil deutlich umfangreichere Sammlungen von Formeln und Fakten verwiesen, die detaillierter sind und mehr mathematische Teilgebiete enthalten: [5], [11],[12].

Dem Springer-Verlag, insbesondere Frau Schmickler-Hirzebruch und Frau Gerlach, danke ich für eine stets angenehme und konstruktive Zusammenarbeit.

Allen Nutzern, die mit Hinweisen und Bemerkungen zur Verbesserung dieser Formelsammlung beitragen, sei bereits jetzt herzlich gedankt.

Chemnitz,   Bernd Luderer
im Februar 2017

Inhaltsverzeichnis

Bezeichnungen

Zeichenerklärung

$\mathbb{N}$	–	Menge der natürlichen Zahlen
$\mathbb{N}_0$	–	Menge der natürlichen Zahlen einschließlich der Null
$\mathbb{Z}$	–	Menge der ganzen Zahlen
$\mathbb{Q}$	–	Menge der rationalen Zahlen
$\mathbb{R}$	–	Menge der reellen Zahlen
$\mathbb{R}^+$	–	Menge der nichtnegativen reellen Zahlen
$\mathbb{R}^n$	–	n-Tupel reeller Zahlen (n-dimensionale Vektoren)
$\sqrt{x}$	–	Quadratwurzel; nichtnegative Zahl y mit $y^2 = x$, $x \geq 0$
$\sqrt[n]{x}$	–	n-te Wurzel; nichtnegative Zahl y mit $y^n = x$, $x \geq 0$
$\sum\limits_{i=1}^{n} x_i$	–	Summe der Zahlen x_i: $x_1 + x_2 + \ldots + x_n$
$\prod\limits_{i=1}^{n} x_i$	–	Produkt der Zahlen x_i: $x_1 \cdot x_2 \cdot \ldots \cdot x_n$
$n!$	–	$1 \cdot 2 \cdot \ldots \cdot n$ (n Fakultät)
$\min\{a, b\}$	–	Minimum der Zahlen a und b: a für $a \leq b$, b für $a \geq b$
$\max\{a, b\}$	–	Maximum der Zahlen a und b: a für $a \geq b$, b für $a \leq b$
$\lceil x \rceil$	–	kleinste ganze Zahl y mit $y \geq x$ (Aufrundung)
$\lfloor x \rfloor$	–	größte ganze Zahl y mit $y \leq x$ (Abrundung)
$\operatorname{sgn} x$	–	Signum: 1 für $x > 0$, 0 für $x = 0$, -1 für $x < 0$
$\lvert x \rvert$	–	(absoluter) Betrag der reellen Zahl x: x für $x \geq 0$ und $-x$ für $x < 0$
$\leq$, $\geq$	–	kleiner oder gleich; größer oder gleich
$[a, b]$	–	abgeschlossenes Intervall, d. h. $a \leq x \leq b$
(a, b)	–	offenes Intervall: $a < x < b$; alternative Schreibweise: $]a, b[$
$(a, b]$	–	links offenes, rechts abgeschlossenes Intervall: $a < x \leq b$; alternative Schreibweise: $]a, b]$
$[a, b)$	–	links abgeschlossenes, rechts offenes Intervall: $a \leq x < b$; alternative Schreibweise: $[a, b[$

$\stackrel{\mathrm{def}}{=}$	– Gleichheit per Definition
$\stackrel{!}{=}$	– Bestimmungsgleichung; „löse diese Gleichung"
$:=$	– die linke Seite wird durch die rechte definiert
$\pm,\ \mp$	– zuerst plus, dann minus; zuerst minus, dann plus
$\forall$	– für alle ...; für ein beliebiges ...
$\exists$	– es existiert ...; es gibt (mindestens ein) ...
$p \wedge q$	– Konjunktion; p und q
$p \vee q$	– Disjunktion; p oder q
$p \Longrightarrow q$	– Implikation; aus p folgt q
$p \Longleftrightarrow q$	– Äquivalenz; p ist äquivalent zu q
$\neg\, p$	– Negation; nicht p
$a \in M$	– a ist Element der Menge M
$a \notin M$	– a ist kein Element der Menge M
$\dbinom{n}{k}$	– Binomialkoeffizient; n über k
$A \subseteq B$	– A ist Teilmenge von B
$\emptyset$	– leere Menge
$\langle \cdot, \cdot \rangle$	– Skalarprodukt
$\| \cdot \|$	– Norm (eines Vektors bzw. einer Matrix)
$\mathrm{rang}\,(\boldsymbol{A})$	– Rang der Matrix $\boldsymbol{A}$
$\det \boldsymbol{A},\ |\boldsymbol{A}|$	– Determinante der Matrix $\boldsymbol{A}$
$\lim\limits_{n \to \infty} a_n$	– Grenzwert der Folge $\{a_n\}$ für n gegen unendlich
$\lim\limits_{x \to x_0} f(x)$	– Grenzwert der Funktion f im Punkt x_0
$\lim\limits_{x \downarrow x_0} f(x)$	– rechtsseitiger Grenzwert der Funktion f im Punkt x_0
$\lim\limits_{x \uparrow x_0} f(x)$	– linksseitiger Grenzwert der Funktion f im Punkt x_0
$U_\varepsilon(x^*)$	– ε-Umgebung des Punktes x^*

Mathematische Konstanten

$$\pi\ =\ 3,141\,592\,653\,589\,793\ldots\ \text{(Kreiszahl)}$$
$$\mathrm{e}\ =\ 2,718\,281\,828\,459\,045\ldots\ \text{(Euler'sche Zahl)}$$

Fläche und Volumen elementarer Gebilde

Flächen

Gebilde	Beschreibung	Fläche	Umfang
Rechteck	Seiten a, b	$F = a \cdot b$	$U = 2 \cdot (a + b)$
Quadrat	Seitenlänge a	$F = a^2$	$U = 4a$
Trapez	Seiten a, b, c, d, Seiten a, c parallel	$F = \dfrac{a + c}{2} \cdot h_a$	$U = a + b + c + d$
Parallelogramm	gegenüber liegende Seiten parallel und gleich lang	$F = a \cdot h_a$	$U = 2 \cdot (a + b)$
Dreieck	Seiten a, b, c	$F = \dfrac{1}{2} \cdot a \cdot h_a$	$U = a + b + c$
rechtwinkliges Dreieck	Seiten a und b bilden einen rechten Winkel	$F = \dfrac{1}{2} \cdot a \cdot b$	$U = a + b + c$
Kreis	Radius r	$F = \pi \cdot r^2$	$U = 2\pi r$

★ Die Größe h_a ist die Höhe über der Seite a; sie steht senkrecht auf der Seite a.

★ Steht in einem Trapez mit den parallelen Seiten a und c die Seite b senkrecht auf beiden, so vereinfacht sich die Flächenberechnung zu $F = \frac{1}{2} \cdot (a + c) \cdot b$.

★ Eine wichtige Anwendung der Flächenberechnung von Rechtecken bzw. Trapezen stellt einerseits die Definition des bestimmten Integrals dar, andererseits dessen Berechnung mit Hilfe numerischer Verfahren.

Körper

Gebilde	Beschreibung	Volumen	Oberfläche
Quader	Seitenlängen a, b, c; alle Seiten stehen senkrecht aufeinander	$V = a \cdot b \cdot c$	$O = 2(ab + ac + bc)$
speziell: Würfel	Seitenlänge a	$V = a^3$	$O = 6a^2$
Tetraeder	Seitenflächen sind vier gleichseitige Dreiecke mit Seitenlänge a	$V = \dfrac{\sqrt{2}}{12} \cdot a^3$	$O = \sqrt{3} \cdot a^2$
Kugel	Radius r	$V = \dfrac{4}{3}\pi r^3$	$O = 4\pi r^2$
Zylinder	Höhe h, Grundfläche = Kreis mit Radius r	$V = \pi \cdot r^2 \cdot h$	$O = 2\pi r \cdot (r + h)$

★ Eine wichtige Anwendung der Volumenberechnung von Quadern stellt die Definition des Doppelintegrals dar.

Verschiedenes

Griechisches Alphabet

Name	klein	groß	Name	klein	groß
Alpha	α	A	Ny	ν	N
Beta	β	B	Xi	ξ	Ξ
Gamma	γ	Γ	Omikron	o	O
Delta	δ	Δ	Pi	π	Π
Epsilon	ϵ, ε	E	Rho	ρ, ϱ	P
Zeta	ζ	Z	Sigma	σ, ς	Σ
Eta	η	H	Tau	τ	T
Theta	θ, ϑ	Θ	Ypsilon	υ	Υ
Jota	ι	I	Phi	ϕ, φ	Φ
Kappa	κ	K	Chi	χ	X
Lambda	λ	Λ	Psi	ψ	Ψ
My	μ	M	Omega	ω	Ω

Dekadisches System

Einheit	Bezeichnung	Vorsilbe	Symbol	Einheit	Vorsilbe	Symbol
10^1	Zehn	Deka	da	10^{-1}	Dezi	d
10^2	Hundert	Hekto	h	10^{-2}	Zenti	c
10^3	Tausend	Kilo	k	10^{-3}	Milli	m
10^6	Million	Mega	M	10^{-6}	Mikro	μ
10^9	Milliarde	Giga	G	10^{-9}	Nano	n
10^{12}	Billion	Tera	T	10^{-12}	Piko	p
10^{15}	Billiarde	Peta	P	10^{-15}	Femto	f
10^{18}	Trillion	Exa	E	10^{-18}	Atto	a

★ Im Englischen wird "billion" für Milliarde gebraucht.

Mengenlehre

Menge M	– Gesamtheit von wohlunterschiedenen Objekten
Elemente	– Objekte einer Menge
	$a \in M \iff a$ ist Element der Menge M
	$a \notin M \iff a$ ist nicht Element der Menge M
Beschreibung	– 1. durch Aufzählung der Elemente: $M = \{a, b, c, \ldots\}$
	2. durch Charakterisierung der Eigenschaften der Elemente: $M = \{x \in \Omega \mid A(x)$ ist wahr$\}$
leere Menge	– Menge, die keine Elemente enthält; Bezeichnung: $\emptyset$
disjunkte Mengen	– Mengen, die kein Element gemeinsam haben: $M \cap N = \emptyset$

Relationen zwischen Mengen

Mengeninklusion (Teilmenge)

$M \subseteq N \iff (\forall x \colon x \in M \implies x \in N)$	– M ist Teilmenge von N
$M \subseteq N \wedge (\exists x \in N \colon x \notin M)$	– M ist echte Teilmenge von N; Schreibweise: $M \subset N$
$\mathcal{P}(M) = \{X \mid X \subseteq M\}$	– Potenzmenge, Menge aller Teilmengen der Menge M
Eigenschaften:	
$M \subseteq M$	– Reflexivität
$M \subseteq N \wedge N \subseteq P \implies M \subseteq P$	– Transitivität
$\emptyset \subseteq M \quad \forall M$	– $\emptyset$ ist Teilmenge jeder Menge

Mengengleichheit

$M = N \iff (\forall x\colon x \in M \iff x \in N)$	–	Gleichheit
Eigenschaften:		
$(M \subseteq N) \land (N \subseteq M) \iff M = N$	–	Ordnungseigenschaft
$M = M$	–	Reflexivität
$M = N \implies N = M$	–	Symmetrie
$M = N \land N = P \implies M = P$	–	Transitivität

Mengenverknüpfungen

$M \cap N$ $= \{x \,|\, x \in M \land x \in N\}$	–	Durchschnitt der Mengen M und N; enthält alle Elemente, die sowohl in M als auch in N enthalten sind; s. Abb. (1)
$M \cup N$ $= \{x \,|\, x \in M \lor x \in N\}$	–	Vereinigung der Mengen M und N; enthält alle Elemente, die in M oder in N (oder in beiden Mengen) enthalten sind; s. Abb. (2)
$M \setminus N$ $= \{x \,|\, x \in M \land x \notin N\}$	–	Differenz der Mengen M und N; enthält alle nicht in N enthaltenen Elemente von M; s. Abb. (3)
$\mathbf{C}_\Omega M = \overline{M} = \Omega \setminus M$	–	Komplementärmenge von M bzgl. der Grundmenge Ω; enthält alle Elemente, die nicht zu $M \subseteq \Omega$ gehören; s. Abb. (4)

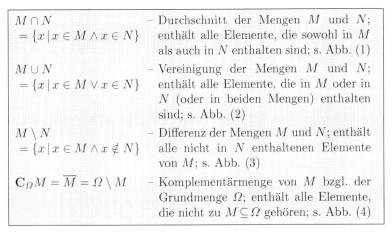

(1)   (2)

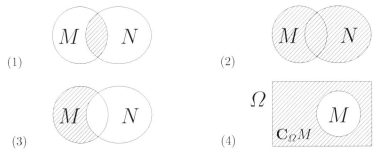

(3)   (4)

★   Zwei Mengen M und N mit $M \cap N = \emptyset$ heißen *disjunkt* oder *durchschnittsfremd*.

★   Operationen zwischen Mengen werden auch *(Mengen-)Verknüpfungen* genannt.

Mehrfache Verknüpfungen

$$\bigcup_{i=1}^{n} M_i = M_1 \cup M_2 \cup \ldots \cup M_n = \{x \mid \exists\, i \in \{1, \ldots, n\} \colon x \in M_i\}$$

$$\bigcap_{i=1}^{n} M_i = M_1 \cap M_2 \cap \ldots \cap M_n = \{x \mid \forall\, i \in \{1, \ldots, n\} \colon x \in M_i\}$$

De Morgan'sche Regeln

$$\overline{M \cup N} = \overline{M} \cap \overline{N}\,, \qquad \overline{M \cap N} = \overline{M} \cup \overline{N} \qquad \text{(zwei Mengen)}$$

$$\overline{\bigcup_{i=1}^{n} M_i} = \bigcap_{i=1}^{n} \overline{M_i}\,, \qquad \overline{\bigcap_{i=1}^{n} M_i} = \bigcup_{i=1}^{n} \overline{M_i} \qquad \text{(n Mengen)}$$

Vereinigung, Durchschnitt und Inklusion

$$M \subset N \quad \Longleftrightarrow \quad M \cap N = M \quad \Longleftrightarrow \quad M \cup N = N$$

$$M \subset N \Longrightarrow (M \cup P) \subset (N \cup P), \qquad M \subset N \Longrightarrow (M \cap P) \subset (N \cap P)$$

Vereinigung, Durchschnitt und Komplementärmenge

Für die Mengen $M \subseteq \Omega$ und $N \subseteq \Omega$ gelten die folgenden Relationen (Komplementärbildung bzgl. einer Grundmenge Ω):

$$\overline{\emptyset} = \Omega, \qquad \overline{\Omega} = \emptyset$$

$$M \cup \overline{M} = \Omega, \qquad M \cap \overline{M} = \emptyset$$

$$\overline{(\overline{M})} = M, \qquad M \subseteq N \iff \overline{N} \subseteq \overline{M}$$

Produktmenge, lineare Abbildung

Produktmenge

(x, y)	–	geordnetes Paar; Zusammenfassung der Elemente $x \in X$, $y \in Y$ unter Beachtung der Reihenfolge
$(x, y) = (z, w) \iff x = z \wedge y = w$	–	Gleichheit zweier geordneter Paare
$X \times Y = \{(x, y) \mid x \in X \wedge y \in Y\}$	–	Produktmenge, Kreuzprodukt, kartesisches Produkt

Kreuzprodukt von n Mengen

$$\prod_{i=1}^{n} X_i = X_1 \times \ldots \times X_n = \{(x_1, \ldots, x_n) \mid x_i \in X_i \ \forall \ i \in \{1, \ldots, n\}\}$$

$$\underbrace{X \times X \times \ldots \times X}_{n\text{-mal}} = X^n; \qquad \text{speziell:} \qquad \underbrace{\mathbb{R} \times \mathbb{R} \times \ldots \times \mathbb{R}}_{n\text{-mal}} = \mathbb{R}^n$$

★ Die Elemente von $X_1 \times \ldots \times X_n$, d. h. $(x_1, \ldots, x_n)$, heißen n-*Tupel*, für $n = 2$ *Paare*, für $n = 3$ *Tripel*; speziell bezeichnen $\mathbb{R}^2$ alle Paare reeller Zahlen (Punkte in der Ebene) und $\mathbb{R}^n$ alle Vektoren mit n Komponenten.

★ Eine Abbildung A von X in Y heißt *eindeutig*, wenn jedem Element $x \in X$ nur ein Element $y \in Y$ zugeordnet wird. Eine eindeutige Abbildung nennt man *Funktion* f; die Abbildungsvorschrift wird mit $y = f(x)$ bezeichnet. Sind sowohl die Abbildung A als auch die Umkehrabbildung A^{-1} (bzw. f^{-1}) eindeutig, heißt A (bzw. f) *eineindeutig*.

Lineare Abbildung

$f(\lambda x + \mu y) = \lambda f(x) + \mu f(y)$ $\lambda, \mu \in \mathbb{R}$	–	Definition einer linearen Abbildung (Funktion)

★ Die Hintereinanderausführung (Komposition) $h(x) = g(f(x))$ zweier linearer Abbildungen (z. B. $f \colon \mathbb{R}^n \to \mathbb{R}^m$ und $g \colon \mathbb{R}^m \to \mathbb{R}^p$) ist wieder eine lineare Abbildung ($h \colon \mathbb{R}^n \to \mathbb{R}^p$); Bezeichnung: $h = g \circ f$.

Aussagenlogik

Aussage p	–	Satz, der einen Tatbestand ausdrückt, der die Wahrheitswerte „wahr" (w) oder „falsch" (f) haben kann
Aussageform $p(x)$	–	Aussage, die von einer Variablen x abhängt; erst nach Einsetzen eines konkreten x-Wertes liegt der Wahrheitswert w oder f vor

★ Die Festlegung des Wahrheitswertes einer Aussageform $p(x)$ kann auch mittels des *Allquantors* $\forall$ ($\forall x$ gilt $p(x)$; in Worten: „für alle x ist die Aussage $p(x)$ wahr") oder des *Existenzquantors* $\exists$ ($\exists x$ mit $p(x)$; in Worten: „es existiert bzw. gibt (mindestens) ein x, für das die Aussage $p(x)$ wahr ist") erfolgen. Auch All- bzw. Existenzaussagen sind wahr oder falsch.

Aussagenverbindungen

★ Verknüpfungen von Aussagen liefern neue Aussagen, die mithilfe von Wahrheitswerttafeln definiert werden. Aussagenverbindungen sind einstellig (Negation), zweistellig oder mehrstellig, jeweils zusammengesetzt aus den Verknüpfungen $\neg$, $\wedge$, $\vee$, $\Longrightarrow$, $\Longleftrightarrow$.

★ Eine *Tautologie* ist eine stets wahre, eine *Kontradiktion* eine stets falsche Aussage (unabhängig vom Wahrheitswert der Teilaussagen).

Einstellige Verknüpfung (Wahrheitswerttafel)

Negation $\neg p$ (nicht p)

p	$\neg p$
w	f
f	w

★ Erläuterung: Ist p wahr, so ist $\neg p$ falsch und umgekehrt.

Zweistellige Verknüpfungen (Wahrheitswerttafel)

Relation	lies	p	w	w	f	f
		q	w	f	w	f
Konjunktion	p und q	$p \wedge q$	w	f	f	f
Disjunktion	p oder q	$p \vee q$	w	w	w	f
Implikation	aus p folgt q	$p \Longrightarrow q$	w	f	w	w
Äquivalenz	p ist äquivalent zu q	$p \Longleftrightarrow q$	w	f	f	w

★ Die Implikation („aus p folgt q") wird auch als *Wenn-dann-Aussage* bezeichnet; p heißt *Prämisse* (Voraussetzung), q ist die *Konklusion* (Behauptung).

★ Die Prämisse p ist *hinreichend* für die Behauptung q. Dagegen ist die Gültigkeit von q *notwendig* für die Gültigkeit p. Andere Formulierungen für die Äquivalenz sind: „dann und nur dann, wenn ..." oder „genau dann, wenn ...".

★ Umgangssprachlich wird oftmals die Implikation mit der Äquivalenz verwechselt. Ist aber bei der Implikation die Voraussetzung nicht erfüllt, so wird nichts ausgesagt.

Allgemeingültige Aussagen (Tautologien)

$p \vee \neg p$	– Satz vom ausgeschlossenen Dritten
$\neg (\neg p) \Longleftrightarrow p$	– Negation der Negation
$\neg (p \Longrightarrow q) \Longleftrightarrow (p \wedge \neg q)$	– Negation der Implikation
$\neg (p \wedge q) \Longleftrightarrow \neg p \vee \neg q$	– De Morgan'sche Regel
$\neg (p \vee q) \Longleftrightarrow \neg p \wedge \neg q$	– De Morgan'sche Regel
$(p \Longrightarrow q) \Longleftrightarrow (\neg q \Longrightarrow \neg p)$	– Kontraposition
$q \wedge (\neg p \Longrightarrow \neg q) \Longrightarrow p$	– Prinzip des indirekten Beweises (Widerspruchsbeweis)

★ Erläuterungen:

★ Satz vom ausgeschlossenen Dritten: Entweder eine Aussage oder ihre Negation ist gültig.

★ Negation der Negation: Ist das Gegenstück einer Aussage falsch, so ist die Aussage wahr.

★ Äquivalent dazu, dass die Implikation $p \implies q$ falsch ist, ist die Tatsache, dass sowohl p als auch $\neg q$ wahr sind. (Im Fall, dass p falsch ist, kann ohnehin keine Aussage über q getroffen werden.)

★ Die Gültigkeit der Aussage p soll nachgewiesen werden. ferner sei bekannt, dass q richtig ist. Man nimmt nun an, dass p falsch sei und zeigt, dass dann auch q falsch sein muss. Der Widerspruch zeigt, dass p wahr ist.

Methode der vollständigen Induktion

Problem: Es ist eine von einer natürlichen Zahl n abhängige Aussage $A(n)$ für beliebige Werte von n zu beweisen.

Induktionsanfang: Die Gültigkeit der Aussage $A(n)$ wird für einen Anfangswert (meist $n = 0$ oder $n = 1$) gezeigt.

Induktionsvoraussetzung: Man nimmt an, die Aussage $A(n)$ sei wahr für $n = k$.

Induktionsschluss: Unter Nutzung der Induktionsvoraussetzung wird die Richtigkeit von $A(n)$ für $n = k + 1$ nachgewiesen.

Rechnen mit Zahlen

Zahlensysteme

Natürliche Zahlen: $\mathbb{N} = \{1, 2, 3, \ldots\}$, $\mathbb{N}_0 = \{0, 1, 2, 3, \ldots\}$

Teiler	–	eine natürliche Zahl $m \in \mathbb{N}$ heißt Teiler von $n \in \mathbb{N}$, falls es eine natürliche Zahl $k \in \mathbb{N}$ mit der Eigenschaft $n = m \cdot k$ gibt
Primzahl	–	Zahl $n \in \mathbb{N}$ mit $n > 1$ und den einzigen Teilern 1 und n

★ Jede Zahl $n \in \mathbb{N}$, $n > 1$, lässt sich als Produkt von Primzahlpotenzen schreiben:

$$n = p_1^{r_1} \cdot p_2^{r_2} \cdot \ldots \cdot p_k^{r_k}$$ p_j Primzahlen, r_j natürliche Zahlen

★ Im Bereich der natürlichen Zahlen lassen sich die Operationen Addition und Multiplikation uneingeschränkt ausführen.

Ganze Zahlen: $\mathbb{Z} = \{\ldots, -3, -2, -1, 0, 1, 2, 3, \ldots\}$

★ Ganze Zahlen entstehen aus den natürlichen Zahlen (inklusive der Null) unter Hinzunahme der Vorzeichen + und −, wobei das Vorzeichen + meist weggelassen wird.

★ Im Bereich der ganzen Zahlen lassen sich die Operationen Addition, Subtraktion und Multiplikation uneingeschränkt ausführen.

Rationale Zahlen: $\mathbb{Q} = \left\{ \frac{m}{n} \mid m \in \mathbb{Z}, \ n \in \mathbb{N} \right\}$

★ Die Dezimaldarstellung einer *rationalen* Zahl ist endlich oder periodisch. Jede Zahl mit endlicher oder periodischer Dezimaldarstellung ist eine rationale Zahl.

★ Im Bereich der rationalen Zahlen lassen sich die Operationen Addition, Subtraktion, Multiplikation, Division uneingeschränkt ausführen.

★ Auf dem Taschenrechner darstellbare Zahlen sind rationale Zahlen.

Reelle Zahlen: $\mathbb{R}$

★ Die Menge $\mathbb{R}$ der reellen Zahlen entsteht durch Hinzunahme der nichtperiodischen unendlichen Dezimalzahlen (*irrationale* Zahlen, z. B. $\sqrt{2}$, π, e) zu $\mathbb{Q}$.

★ Unter einer *Zahlengeraden (Zahlenstrahl)* versteht man eine Linie mit Pfeil und dem (willkürlich gewählten) Maßstab 1. Jeder Punkt auf einer Zahlengeraden entspricht einer reellen Zahl und umgekehrt.

Rechenregeln

Kommutativ- und Assoziativgesetze

$$a + b = b + a, \quad a \cdot b = b \cdot a \qquad - \qquad \text{Kommutativgesetze}$$
$$(a + b) + c = a + (b + c), \quad (a \cdot b) \cdot c = a \cdot (b \cdot c)$$
$$- \qquad \text{Assoziativgesetze}$$

Klammer- und Bruchrechnung

$$(a + b) \cdot c = a \cdot c + b \cdot c \quad - \quad \text{Distributivgesetze}$$
$$a \cdot (b + c) = a \cdot b + a \cdot c$$

$$(a + b)(c + d) \qquad - \quad \text{Ausmultiplizieren von Klammern}$$
$$= ac + bc + ad + bd$$

$$\frac{a}{b} = \frac{a \cdot c}{b \cdot c} \qquad - \quad \text{Erweitern eines Bruchs } (b, c \neq 0)$$

$$\frac{a \cdot c}{b \cdot c} = \frac{a}{b} \qquad - \quad \text{Kürzen eines Bruchs } (b, c \neq 0)$$

$$\frac{a}{c} \pm \frac{b}{c} = \frac{a \pm b}{c} \qquad - \quad \begin{array}{l} \text{Addition/Subtraktion von Brüchen} \\ \text{mit gleichem Nenner } (c \neq 0) \end{array}$$

$$\frac{a}{c} \pm \frac{b}{d} = \frac{a \cdot d \pm b \cdot c}{c \cdot d} \qquad - \quad \begin{array}{l} \text{Addition/Subtraktion beliebiger} \\ \text{Brüche } (c, d \neq 0) \end{array}$$

Brüche mit ungleichem Nenner lassen sich nicht direkt addieren; vorher ist der Hauptnenner zu bilden.

$$\frac{a}{b} \cdot \frac{c}{d} = \frac{a \cdot c}{b \cdot d} \qquad - \quad \text{Multiplikation von Brüchen } (b, d \neq 0)$$

$$\frac{\frac{a}{b}}{\frac{c}{d}} = \frac{a}{b} \cdot \frac{d}{c} = \frac{a \cdot d}{b \cdot c} \qquad - \quad \text{Division von Brüchen } (b, c, d \neq 0)$$

Man dividiert durch einen Bruch, indem man mit dem Kehrwert des Nenners multipliziert.

★ Die Division durch null ist nicht definiert, daher muss in Brüchen der Nenner immer ungleich null sein. Vorsicht: Enthält der Nenner unbekannte Größen, so sieht man das nicht unmittelbar.

Reihenfolge der Abarbeitung von Rechenoperationen

★ Potenzrechnung (▶ S. 21) geht vor „Punktrechnung" (Multiplikation bzw. Division), letztere geht vor „Strichrechnung" (Addition bzw. Subtraktion).

★ Beim Auflösen von Klammern hat man von innen nach außen vorzugehen. Steht ein Minus vor einer Klammer und löst man letztere auf, so ändern sich die Vorzeichen aller Summanden in der Klammer.

★ Operationszeichen und Vorzeichen sind durch Klammern voneinander zu trennen.

Definitionen

$$\sum_{i=1}^{n} a_i = a_1 + a_2 + \ldots + a_n \quad - \quad \text{Summe der Elemente einer Folge}$$

$$\prod_{i=1}^{n} a_i = a_1 \cdot a_2 \cdot \ldots \cdot a_n \quad - \quad \text{Produkt der Elemente einer Folge}$$

Rechengesetze

$$\sum_{i=1}^{n} (a_i + b_i) = \sum_{i=1}^{n} a_i + \sum_{i=1}^{n} b_i \qquad \sum_{i=1}^{n} (c \cdot a_i) = c \cdot \sum_{i=1}^{n} a_i$$

$$\sum_{i=1}^{n} a_i = n \cdot a \quad (\text{für } a_i = a) \qquad \sum_{i=1}^{m} \sum_{j=1}^{n} a_{ij} = \sum_{j=1}^{n} \sum_{i=1}^{m} a_{ij}$$

$$\sum_{i=1}^{n} a_i = \sum_{i=0}^{n-1} a_{i+1} \qquad \prod_{i=1}^{n} a_i = \prod_{i=0}^{n-1} a_{i+1}$$

$$\prod_{i=1}^{n} (c \cdot a_i) = c^n \cdot \prod_{i=1}^{n} a_i \qquad \prod_{i=1}^{n} a_i = a^n \quad (\text{für } a_i = a)$$

★ Größen der Form a_i nennt man *einfach indiziert* (i gibt die Nummer des Folgengliedes an, a_i ist eine reelle Zahl); Größen der Form a_{ij} heißen *doppelt indiziert*.

Unabhängigkeit vom Summationsindex

$$\sum_{i=1}^{n} a_i = \sum_{k=1}^{n} a_k = \sum_{s=1}^{n} a_s \qquad \prod_{i=1}^{n} a_i = \prod_{k=1}^{n} a_k = \prod_{s=1}^{n} a_s$$

★ Der Summationsindex kann beliebig gewählt werden: i oder k oder s etc., die Summe (das Produkt) selbst hängt davon nicht ab.

Absoluter Betrag

$$|x| = \begin{cases} x & \text{für} \quad x \geq 0 \\ -x & \text{für} \quad x < 0 \end{cases} \quad - \quad \text{(absoluter) Betrag der Zahl } x$$

★ Die Größe $|x|$ entspricht dem Abstand der Zahl x vom Nullpunkt auf der Zahlengeraden; sie ist also immer positiv (exakter: nichtnegativ), während die Zahl x selbst positiv, null oder negativ sein kann.

Rechengesetze

$$|x| = x \cdot \operatorname{sgn} x \quad \text{mit} \quad \operatorname{sgn} x = \begin{cases} 1 & \text{für } x > 0, \\ 0 & \text{für } x = 0, \\ -1 & \text{für } x < 0 \end{cases} \quad \text{Vorzeichenfunktion}$$

$$|x| = 0 \iff x = 0 \qquad |-x| = |x|$$

$$|x \cdot y| = |x| \cdot |y| \qquad \left|\frac{x}{y}\right| = \frac{|x|}{|y|} \quad \text{für} \quad y \neq 0$$

Dreiecksungleichungen

$$|x + y| \leq |x| + |y| \qquad \Big||x| - |y|\Big| \leq |x \pm y| \leq |x| + |y|$$

★ In der ersten Ungleichung gilt Gleichheit genau für $\operatorname{sgn} x = \operatorname{sgn} y$ (Vorzeichen von x und y stimmen überein). Interpretiert man x und y als Vektoren in der Ebene, so bedeutet sie, dass die Summe zweier Seiten im Dreieck stets größer oder gleich der Länge der dritten Seite ist; Gleichheit liegt nur für ein zu einer Strecke entartetes Dreieck vor.

Fakultät und Binomialkoeffizienten

Definitionen

$$n! = 1 \cdot 2 \cdot \ldots \cdot n \qquad - \quad \text{Fakultät } (n \in \mathbb{N})$$

$$\binom{n}{k} = \frac{n \cdot (n-1) \cdot \ldots \cdot (n-k+1)}{1 \cdot 2 \cdot \ldots \cdot k} \quad - \quad \begin{array}{l}\text{Binomialkoeffizient} \\ \text{(lies: } \text{„}n\text{ über }k\text{")} \\ (k, n \in \mathbb{N}; \ k \leq n)\end{array}$$

$$\binom{n}{k} = \begin{cases} \dfrac{n!}{k!(n-k)!} & \text{für } \ k \leq n \\[2mm] 0 & \text{für } \ k > n \end{cases} \quad - \quad \begin{array}{l}\text{erweiterte Definition für} \\ k, n \in \mathbb{N}_0 \text{ mit } 0! \overset{\text{def}}{=} 1\end{array}$$

$$\binom{0}{0} \overset{\text{def}}{=} 1 \qquad \binom{n}{0} \overset{\text{def}}{=} 1 \qquad \binom{n}{1} = n \qquad \binom{n}{n} = 1$$

Pascal'sches Dreieck:

$$
\begin{array}{llccccccc}
n=0: & & & & & 1 & & & \\
n=1: & & & & 1 & & 1 & & \\
n=2: & & & 1 & & 2 & & 1 & \\
n=3: & & 1 & & 3 & & 3 & & 1 \\
n=4: & 1 & & 4 & & 6 & & 4 & & 1 \\
n=5: & 1 & & 5 & & 10 & & 10 & & 5 & & 1
\end{array}
$$

$k=1$ $k=2$ $k=3$

. . . .

Eigenschaften

$$\binom{n}{k} = \binom{n}{n-k} \qquad - \quad \text{Symmetrieeigenschaft}$$

$$\binom{n}{k} + \binom{n}{k-1} = \binom{n+1}{k} \quad - \quad \text{Additionseigenschaft}$$

Additionstheoreme

$$\binom{n}{0} + \binom{n+1}{1} + \binom{n+2}{2} + \ldots + \binom{n+m}{m} = \binom{n+m+1}{m}$$

$$\binom{n}{0}\binom{m}{k} + \binom{n}{1}\binom{m}{k-1} + \ldots + \binom{n}{k}\binom{m}{0} = \binom{n+m}{k}$$

$$\sum_{k=0}^{n} \binom{n}{k} = 2^n$$

★ Die Definition der Binomalkoeffizienten wird auch für reelle Zahlen $n \in \mathbb{R}$ benutzt. Der Additionssatz und die Additionstheoreme gelten dann ebenfalls.

Gleichungen und Ungleichungen

Binomische Formeln

$$(a+b)^2 = a^2 + 2ab + b^2 \qquad - \quad \text{1. binomische Formel}$$

$$(a-b)^2 = a^2 - 2ab + b^2 \qquad - \quad \text{2. binomische Formel}$$

$$(a+b)(a-b) = a^2 - b^2 \qquad - \quad \text{3. binomische Formel}$$

Quadratische Ergänzung

$$x^2 + bx + c = \left(x + \frac{b}{2}\right)^2 + c - \frac{b^2}{4}$$

Binomischer Satz $(n \in \mathbb{N})$

$$(a+b)^n = \sum_{k=0}^{n} \binom{n}{k} a^{n-k} b^k = a^n + \binom{n}{1} a^{n-1} b + \ldots + \binom{n}{n-1} ab^{n-1} + b^n$$

Umformung von Gleichungen

Gleichheit zwischen zwei Ausdrücken bleibt bestehen, wenn **beide** der gleichen Rechenoperation unterworfen werden.

Es gelte $a, b, c \in \mathbb{R}$, $n \in \mathbb{N}$ sowie $a = b$. Daraus folgt:

$$a + c = b + c \qquad\qquad a - c = b - c \qquad\qquad c \cdot a = c \cdot b$$

$$\frac{a}{c} = \frac{b}{c} \;\; (c \neq 0) \qquad \frac{1}{a} = \frac{1}{b} \;\; (a \neq 0) \qquad a^n = b^n$$

$$\sqrt[n]{a} = \sqrt[n]{b} \qquad\qquad \ln a = \ln b \;\; (a > 0)$$

Für $a, b \in \mathbb{R}$ gilt: $\quad a^2 = b^2 \implies a = \pm b$

Auflösung von Gleichungen

Enthält eine Gleichung eine Variable, so kann sie für gewisse Werte dieser Variablen falsch und für andere richtig sein. Als *Auflösung* einer Gleichung bezeichnet man die Bestimmung eines oder aller Werte der Variablen, für die die Gleichung **richtig** ist. Dabei wird, falls möglich, die Gleichung so umgeformt, dass die Variable allein auf der linken Seite steht (und nur links).

Beim Umformen muss alles, was „stört", d. h. Summanden, Faktoren, Potenzen etc., durch die jeweilige Umkehroperation (Subtraktion, Division, Wurzelziehen bzw. Logarithmieren etc.) beseitigt werden. Gleichartige Ausdrücke sind dabei jeweils zusammenzufassen.

Lösung spezieller Gleichungen

Lineare Gleichung:

$$ax + b = 0 \implies \begin{cases} x = -\dfrac{b}{a} & \text{für} \quad a \neq 0 \\ x \text{ beliebig} & \text{für} \quad a = b = 0 \\ \text{keine Lösung} & \text{für} \quad a = 0, \, b \neq 0 \end{cases}$$

★ „Normalfall" $a \neq 0$: Aus $ax = -b$ folgt $x = -b/a$.

Quadratische Gleichung (für reelles x) :

$$x^2 + px + q = 0 \quad \Longrightarrow$$

$$\begin{cases} x = -\dfrac{p}{2} \pm \sqrt{\dfrac{p^2}{4} - q} & \text{für} \quad p^2 > 4q \quad \text{(zwei Lösungen)} \\[2mm] x = -\dfrac{p}{2} & \text{für} \quad p^2 = 4q \quad \text{(eine reelle Doppellösung)} \\[2mm] \text{keine Lösung} & \text{für} \quad p^2 < 4q \end{cases}$$

Gleichungen in Faktordarstellung:

$$(x - a)(x - b) = 0 \quad \Longrightarrow \quad x = a \quad \text{oder} \quad x = b$$

$$(x - a)(y - b) = 0 \quad \Longrightarrow \quad (x = a \ \text{und} \ y \ \text{beliebig}) \quad \textbf{oder}$$
$$(x \ \text{beliebig und} \ y = b)$$

★ Um die Nullstellen einer quadratischen Gleichung der allgemeinen Form $a_2 x^2 + a_1 x + a_0 = 0$ mit $a_2 \neq 0$ zu bestimmen, ist die Gleichung zunächst durch a_2 zu dividieren; man erhält dann eine Gleichung in p, q-Form mit $p = \dfrac{a_1}{a_2}$ und $q = \dfrac{a_0}{a_2}$.

Rechenregeln für Ungleichungen $(x, y, z, c \in \mathbb{R})$

$$(x < y) \wedge (y < z) \quad \Longrightarrow \quad x < z$$

$$x < y \quad \Longrightarrow \quad x \pm c < y \pm c$$

$$x < y \quad \Longrightarrow \quad \begin{cases} x \cdot c < y \cdot c & \text{für} \quad c > 0 \\ x \cdot c > y \cdot c & \text{für} \quad c > 0 \end{cases}$$

$$0 < x < y \quad \Longrightarrow \quad \frac{1}{x} > \frac{1}{y}$$

★ Achtung: Bei Multiplikation mit einem positiven Faktkor bleibt das Relationszeichen erhalten, bei Multiplikation mit einem negativen Faktor dreht es sich um (analog bei Division).

★ Analoge Regeln gelten für die Relationszeichen $\leq, >, \geq$.

Potenzen, Wurzeln, Logarithmen

Potenzen mit ganzzahligem Exponenten $(a \in \mathbb{R};\ n \in \mathbb{N};\ p, q \in \mathbb{Z})$

Potenz mit positivem Exponenten: $a^n = \underbrace{a \cdot a \cdot \ldots \cdot a}_{n \text{ Faktoren}}, \quad a^0 = 1$

Potenz mit negativem Exponenten: $a^{-n} = \dfrac{1}{a^n} \quad (a \neq 0)$

Rechenregeln

$$a^p \cdot a^q = a^{p+q} \qquad a^p \cdot b^p = (a \cdot b)^p \qquad (a^p)^q = (a^q)^p = a^{p \cdot q}$$

$$\frac{a^p}{a^q} = a^{p-q} \qquad \frac{a^p}{b^p} = \left(\frac{a}{b}\right)^p \qquad (a, b \neq 0)$$

★ Potenzen mit ungleichen Basen können nicht zusammengefasst werden.

Wurzeln und Potenzen mit reellen Exponenten $(m, n \in \mathbb{N})$

n-te Wurzel: $\quad u = \sqrt[n]{a} \quad \Longleftrightarrow \quad u^n = a, \quad u \geq 0$

Rechenregeln

$$\sqrt[n]{a} \cdot \sqrt[n]{b} = \sqrt[n]{a \cdot b} \qquad\qquad \frac{\sqrt[n]{a}}{\sqrt[n]{b}} = \sqrt[n]{\frac{a}{b}} \qquad (a \geq 0,\ b > 0)$$

$$\sqrt[m]{\sqrt[n]{a}} = \sqrt[n]{\sqrt[m]{a}} = \sqrt[m \cdot n]{a} \qquad \sqrt[n]{a^m} = (\sqrt[n]{a})^m \qquad (a \geq 0)$$

Potenz mit rationalem Exponenten: $a^{\frac{1}{n}} = \sqrt[n]{a}, \quad a^{\frac{m}{n}} = \sqrt[n]{a^m}$

Potenz mit reellem Exponenten: $a^x = \lim\limits_{k \to \infty} a^{x_k},\ x_k \in \mathbb{Q},\ \lim\limits_{k \to \infty} x_k = x$

★ Für Potenzen mit reellen Exponenten gelten die gleichen Rechenregeln wie für Potenzen mit ganzzahligen Exponenten.

Logarithmen

Logarithmus zur Basis a: $x = \log_a u \iff a^x = u$
($a > 0$, $a \neq 1$, $u > 0$)

Basis $a = 10$: $\log_{10} u = \lg u$ –   dekadischer Logarithmus

Basis $a = e$: $\log_e u = \ln u$ –   natürlicher Logarithmus

Rechengesetze

$$\log_a(u \cdot v) = \log_a u + \log_a v \qquad \log_a\left(\frac{u}{v}\right) = \log_a u - \log_a v$$

$$\log_a u^v = v \cdot \log_a u$$

Winkelbeziehungen

$$\sin\alpha = \frac{b}{c} = \frac{\text{Gegenkathete}}{\text{Hypotenuse}} \quad \text{(Sinus)}$$

$$\cos\alpha = \frac{a}{c} = \frac{\text{Ankathete}}{\text{Hypotenuse}} \quad \text{(Kosinus)}$$

$$\tan\alpha = \frac{b}{a} = \frac{\text{Gegenkathete}}{\text{Ankathete}} \quad \text{(Tangens)}$$

$$\cot\alpha = \frac{a}{b} = \frac{\text{Ankathete}}{\text{Gegenkathete}} \quad \text{(Kotangens)}$$

Diese vier Größen (lies: „Sinus alpha" etc.) sind zunächst nur für α-Werte zwischen 0 und 90° definiert. Fasst man jedoch den Winkel α als Variable auf, kommt man zu den *Winkelfunktionen* oder *trigonometrischen* Funktionen (▶ S. 35), die für beliebige Winkel definiert sind.

Zahlenfolgen und -reihen

Zahlenfolgen

Eine Abbildung $a : K \to \mathbb{R}$, $K \subseteq \mathbb{N}$, wird *Zahlenfolge* genannt und mit $\{a_n\}$ bezeichnet, wobei $a_n \in \mathbb{R}$ ihre *Glieder* sind. Die natürliche Zahl n gibt die Nummer des Folgengliedes an.

Die Zahlenfolge heißt *endlich* oder *unendlich*, je nachdem, ob die Menge K endlich oder unendlich ist.

Begriffe

explizite Folge	– Bildungsgesetz $a_n = f(n)$
rekursive Folge	– Bildungsgesetz $a_n = f(a_{n-1})$
beschränkte Folge	– $\exists\ C \in \mathbb{R}:\ |a_n| \leq C\ \forall n \in \mathbb{N}$
monoton wachsende Folge	– $a_{n+1} \geq a_n\quad \forall n \in \mathbb{N}$
streng mon. wachsende Folge	– $a_{n+1} > a_n\quad \forall n \in \mathbb{N}$
monoton fallende Folge	– $a_{n+1} \leq a_n\quad \forall n \in \mathbb{N}$
streng mon. fallende Folge	– $a_{n+1} < a_n\quad \forall n \in \mathbb{N}$
konvergente Folge (gegen den Grenzwert a) $\lim\limits_{n \to \infty} a_n = a$	– Die Zahl a heißt *Grenzwert* der Folge $\{a_n\}$, wenn es zu jeder Zahl $\varepsilon > 0$ eine Zahl $n(\varepsilon)$ mit $|a_n - a| < \varepsilon$ für alle Indizes $n \geq n(\varepsilon)$ gibt.
divergente Folge	– Folge ohne Grenzwert
bestimmt divergente Folge (gegen den uneigentlichen Grenzwert $+\infty$ bzw. $-\infty$)	– Folge, für die es zu jedem $c \in \mathbb{R}$ einen Index $n(c)$ mit $a_n > c$ ($a_n < c$) für alle $n \geq n(c)$ gibt
unbestimmt divergente Folge	– Folge, die weder konvergent noch bestimmt divergent ist
Nullfolge	– konvergente Folge mit Grenzwert $a = 0$

★ Eine Zahl a heißt *Häufungspunkt* der Folge $\{a_n\}$, wenn es zu jeder Zahl $\varepsilon > 0$ unendlich viele Elemente a_n mit $|a_n - a| < \varepsilon$ gibt.

Konvergenzsätze

★ Eine Folge kann höchstens einen Grenzwert haben.

★ Eine monotone Folge konvergiert dann und nur dann, wenn sie beschränkt ist.

★ Eine beschränkte Folge besitzt mindestens einen Häufungspunkt.

Konvergenzeigenschaften

Es gelte $\lim\limits_{n\to\infty} a_n = a$, $\lim\limits_{n\to\infty} b_n = b$ sowie $\alpha, \beta \in \mathbb{R}$. Dann gilt:

$$\lim_{n\to\infty} (\alpha a_n + \beta b_n) = \alpha a + \beta b \qquad\qquad \lim_{n\to\infty} a_n b_n = ab$$

$$\lim_{n\to\infty} \frac{a_n}{b_n} = \frac{a}{b}, \quad \text{falls } b, b_n \neq 0 \qquad\qquad \lim_{n\to\infty} |a_n| = |a|$$

$$\lim_{n\to\infty} \sqrt[k]{a_n} = \sqrt[k]{a} \quad \text{für } a, a_n \geq 0, \; k = 1, 2, \ldots$$

$$\lim_{n\to\infty} \frac{1}{n} \cdot (a_1 + \ldots + a_n) = a$$

Grenzwerte spezieller Folgen

$$\lim_{n\to\infty} \frac{1}{n} = 0 \qquad\qquad \lim_{n\to\infty} \frac{n}{n+\alpha} = 1, \; \alpha \in \mathbb{R}$$

$$\lim_{n\to\infty} \sqrt[n]{\lambda} = 1 \; \text{für } \lambda > 0 \qquad\qquad \lim_{n\to\infty} \left(1 + \frac{1}{n}\right)^n = e$$

$$\lim_{n\to\infty} \left(1 - \frac{1}{n}\right)^n = \frac{1}{e} \qquad\qquad \lim_{n\to\infty} \left(1 + \frac{\lambda}{n}\right)^n = e^\lambda, \; \lambda \in \mathbb{R}$$

★ Eine Zahlenfolge mit dem Grenzwert null wird *Nullfolge* genannt.

Zahlenreihen

Partialsummen:
$$\begin{aligned} s_1 &= a_1 \\ s_2 &= a_1 + a_2 \\ &\dots\dots\dots\dots\dots\dots\dots\dots\dots\dots\dots\dots\dots \\ s_n &= a_1 + a_2 + \dots + a_n = \sum_{k=1}^{n} a_k \end{aligned}$$

★ Die unendliche Reihe $\sum_{k=1}^{\infty} a_k = a_1 + a_2 + a_3 + \dots$ heißt *konvergent*, wenn die Folge $\{s_n\}$ der Partialsummen konvergiert. Der Grenzwert s der Partialsummenfolge $\{s_n\}$ wird, sofern er existiert, *Summe* der Reihe genannt:

$$\lim_{n \to \infty} s_n = s = \sum_{k=1}^{\infty} a_k \,.$$

★ Ist die Folge $\{s_n\}$ divergent, so heißt die Reihe $\sum_{k=1}^{\infty} a_k$ *divergent*.

Arithmetische und geometrische Reihe

Arithmetische Reihe: $a_{k+1} = a_k + d$

$$\implies \quad a_n = a_1 + (n-1)d, \qquad s_n = \sum_{k=1}^{n} a_k = \frac{n \cdot (a_1 + a_n)}{2}$$

speziell: $1 + 2 + 3 + \dots + n = \dfrac{n(n+1)}{2}$

Geometrische Reihe: $a_{k+1} = q \cdot a_k$

$$\implies \quad a_n = a_1 \cdot q^{n-1}, \qquad s_n = \sum_{k=1}^{n} a_k = a_1 \cdot \frac{q^n - 1}{q - 1} \qquad (q \neq 1)$$

speziell: $1 + q + q^2 + \dots + q^n = \dfrac{q^{n+1} - 1}{q - 1} \qquad (q \neq 1)$

★ Die arithmetische und die geometrische Zahlenfolge bzw. -reihe spielen insbesondere in der Finanzmathematik eine herausragende Rolle.

Funktionen einer Variablen: Eigenschaften

Grundbegriffe

Eine reelle Funktion f einer unabhängigen Veränderlichen $x \in \mathbb{R}$ ist eine Abbildung (Zuordnungsvorschrift) $y = f(x)$, die jeder Zahl x des Definitionsbereiches $D_f \subseteq \mathbb{R}$ genau eine Zahl $y \in \mathbb{R}$ zuordnet. Schreibweise: $f : D_f \to \mathbb{R}$.

Definitionsbereich	–	$D_f = \{x \in \mathbb{R} \mid \exists\, y \in W_f \text{ mit } y = f(x)\}$
Wertebereich	–	$W_f = \{y \in \mathbb{R} \mid \exists\, x \in D_f \text{ mit } y = f(x)\}$
eineindeutige Funktion	–	zu jedem $y \in W_f$ gibt es genau ein $x \in D_f$ mit $y = f(x)$
inverse Funktion, Umkehrfunktion	–	ist f eineindeutig, so ist die Abbildung $y \to x$ mit $y = f(x)$ auch eine eineindeutige Funktion, genannt inverse Funktion zu f; Bezeichnung $f^{-1} : W_f \to \mathbb{R}$

Wachstum

Nachstehende Eigenschaften müssen $\forall\, x_1, x_2 \in D_f,\ x_1 < x_2$ gelten.

monoton wachsende Funktion	–	$f(x_1) \leq f(x_2)$
monoton fallende Funktion	–	$f(x_1) \geq f(x_2)$
streng monoton wachsende Funktion	–	$f(x_1) < f(x_2)$
streng monoton fallende Funktion	–	$f(x_1) > f(x_2)$

Symmetrie und Periodizität $(\forall\, x, x + p \in D_f)$

gerade Funktion	–	$f(-x) = f(x)$
ungerade Funktion	–	$f(-x) = -f(x)$
periodische Funktion (mit Periode p)	–	$f(x + p) = f(x)$

Beschränktheit

nach oben beschränkte Funktion	$-$	$\exists\, K : f(x) \leq K \ \ \forall\, x \in D_f$
nach unten beschränkte Funktion	$-$	$\exists\, K : f(x) \geq K \ \ \forall\, x \in D_f$
beschränkte Funktion	$-$	$\exists\, K : |f(x)| \leq K \ \ \forall\, x \in D_f$

Begriff: ε-Umgebung des Punktes x^* (= Menge aller Punkte mit einem Abstand zu x^*, der kleiner als ε ist): $U_\varepsilon(x^*) = \{x \in \mathbb{R} : |x - x^*| < \varepsilon\}$, $\varepsilon > 0$

Extrema

globale Maximumstelle	$-$	$x^* \in D_f$ mit $f(x^*) \geq f(x) \ \forall x \in D_f$
globales Maximum	$-$	$f(x^*) = \max\limits_{x \in D_f} f(x)$
lokale Maximumstelle	$-$	$x^* \in D_f$ mit $f(x^*) \geq f(x) \ \forall x \in D_f \cap U_\varepsilon(x^*)$
globale Minimumstelle	$-$	$x^* \in D_f$ mit $f(x^*) \leq f(x) \ \forall x \in D_f$
globales Minimum	$-$	$f(x^*) = \min\limits_{x \in D_f} f(x)$
lokale Minimumstelle	$-$	$x^* \in D_f$ mit $f(x^*) \leq f(x) \ \forall x \in D_f \cap U_\varepsilon(x^*)$

★ Eine Maximumstelle wird auch *Hochpunkt*, eine Minimiumstelle *Tiefpunkt* genannt..

★ Das Maximum oder Minimum muss nicht notwendig angenommen werden. Allerdings nimmt eine stetige, über einem beschränkten, abgeschlossenen Intervall definierte Funktion ihren größten und kleinsten Wert stets an.

★ Bei lokalen Extrema wird x^* nur mit Punkten aus einer (kleinen) Umgebung verglichen, bei globalen Extrema mit allen Punkten des Definitionsbereichs D_f.

★ Jede globale Extremstelle ist auch eine lokale Extremstelle; die Umkehrung gilt im Allgemeinen nicht.

Krümmungseigenschaften

konvexe Funktion	$-\quad f(\lambda x_1 + (1-\lambda)x_2) \leq \lambda f(x_1) + (1-\lambda)f(x_2)$
streng konvexe F.	$-\quad f(\lambda x_1 + (1-\lambda)x_2) < \lambda f(x_1) + (1-\lambda)f(x_2)$
konkave Funktion	$-\quad f(\lambda x_1 + (1-\lambda)x_2) \geq \lambda f(x_1) + (1-\lambda)f(x_2)$
streng konkave F.	$-\quad f(\lambda x_1 + (1-\lambda)x_2) > \lambda f(x_1) + (1-\lambda)f(x_2)$

★ Alle Ungleichungen gelten für beliebige Punkte $x_1, x_2 \in D_f$ und beliebige Zahlen $\lambda \in (0,1)$. Bei Konvexität und Konkavität gelten sie auch für die Werte $\lambda = 0$ und $\lambda = 1$.

Darstellung von reellen Funktionen

Nullstelle	– eine Zahl $x_0 \in D_f$ mit $f(x_0) = 0$; Schnittpunkt mit der x-Achse
Graph einer Funktion	– Darstellung der zu f zugeordneten Punkte $(x,y) = (x, f(x))$ in der Ebene $\mathbb{R}^2$, i. Allg. unter Verwendung eines kartesischen Koordinatensystems
kartesisches Koordinatensystem	– aus zwei senkrecht aufeinander stehenden Koordinatenachsen bestehendes System in der Ebene; horizontale (*Abszissen*-)Achse meist x, vertikale (*Ordinaten*-)Achse meist y; die Achsen sind mit (u. U. unterschiedlichen) Maßstäben versehen; der Maßstab ist stets anzugeben

Lineare und quadratische Funktionen

Es gelte $a, b, \lambda \in \mathbb{R}$.

lineare Funktion	$-\ y = f(x) = ax$
affin lineare Funktion	$-\ y = f(x) = ax + b$

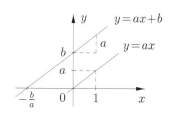

Eigenschaften linearer Funktionen

$$f(x_1 + x_2) = f(x_1) + f(x_2) \qquad f(\lambda x) = \lambda f(x) \qquad f(0) = 0$$

★ Affin lineare Funktionen werden oftmals einfach als lineare Funktionen bezeichnet. Ihr Graph ist eine Gerade.

Quadratische Funktionen $y = f(x) = ax^2 + bx + c \quad (a \neq 0)$

Diskriminante: $\boxed{D = p^2 - 4q}$

mit $\quad p = \dfrac{b}{a}, \quad q = \dfrac{c}{a}$

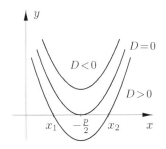

Nullstellen

$$D > 0 : \quad x_{1,2} = \frac{1}{2}\left(-p \pm \sqrt{D}\right) \quad - \quad \text{zwei reelle Nullstellen}$$

$$D = 0 : \quad x_1 = x_2 = -\frac{p}{2} \quad - \quad \text{eine doppelte Nullstelle}$$

$$D < 0 : \qquad\qquad\qquad\qquad - \quad \text{keine Nullstelle}$$

Speziell: $f(x) = x^2 + px + q \quad \Longrightarrow \quad x_{1,2} = -\dfrac{p}{2} \pm \sqrt{\dfrac{p^2}{4} - q}$

Extremstellen

$$x = -\frac{p}{2} \qquad \text{für } a > 0 \text{ Minimumstelle,} \quad \text{für } a < 0 \text{ Maximumstelle}$$

★ Für $a > 0$ $(a < 0)$ ist f eine streng konvexe (konkave) Funktion und der Graph von f eine nach oben (unten) geöffnete Parabel mit dem Scheitelpunkt $\left(-\frac{p}{2}, -\frac{aD}{4}\right)$.

Potenzfunktionen

Potenzfunktionen $y = x^n$, $n \in \mathbb{N}$

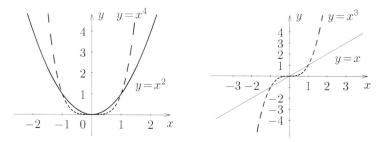

Gerade und ungerade Potenzfunktionen

Definitionsbereich: $D_f = \mathbb{R}$
Wertebereich: $W_f = \mathbb{R}$, falls n ungerade; $W_f = \mathbb{R}^+$, falls n gerade

★ Ist n gerade, so stellt $y = x^n$ eine gerade Funktion dar, für ungerades n ist $y = x^n$ eine ungerade Funktion (▶ S. 26).

★ Die Funktion $x^0 \equiv 1$ ist eine Konstante.

★ Wird der Exponent von $n \in \mathbb{N}$ auf den Bereich $\mathbb{R}$ erweitert, spricht man von *allgemeinen Potenzfunktionen*. Speziell wird $y = x^{\frac{1}{n}} = \sqrt[n]{x}$ *Wurzelfunktion* genannt. Sie ist die Umkehrfunktion zur Funktion $y = x^n$ (für $x > 0$).

★ Wegen $\varepsilon_f(x) = $ const handelt es sich bei Potenzfunktionen um Funktionen mit konstanter ▶ Elastizität (siehe S. 47).

Polynome und Polynomdivision

Funktionen $y = p_n(x)\colon \mathbb{R} \to \mathbb{R}$ der Gestalt

$$p_n(x) = a_n x^n + a_{n-1} x^{n-1} + \ldots + a_1 x + a_0, \ a_n \neq 0, \ a_i \in \mathbb{R}, \ n \in \mathbb{N}_0$$

heißen *ganze rationale Funktionen* oder *Polynome n-ten Grades*.

★ Nach dem Fundamentalsatz von Gauß kann jedes Polynom n-ten Grades in der Form

$$p_n(x) = a_n(x - x_1)(x - x_2)\ldots(x - x_{n-1})(x - x_n)$$

dargestellt werden (*Produktdarstellung*). Die Zahlen x_i sind die Nullstellen des Polynoms. Die Nullstelle x_i ist p-fache Nullstelle oder Nullstelle *der Ordnung p*, wenn der Faktor $(x - x_i)$ in der Produktdarstellung p-mal vorkommt.

Polynomdivision

Bei der *Polynomdivision* (*Partialdivision*) geht es darum, einen Ausdruck der Art $\dfrac{P_n}{Q_m}$, in dem P_n und Q_m Polynome sind, wobei der Grad des Zählerpolynoms P_n höher als der des Nennerpolynoms Q_m ist, so umzuformen, dass ein *ganzer rationaler Anteil* und ggf. ein Rest der Form $\dfrac{R_k}{Q_m}$ mit $k < m$ entstehen. Sie erfolgt analog zur schriftlichen Division von Zahlen.

Beispiel:

$$
\begin{array}{l}
3982: 17 = 234 \\
\underline{-34} \\
58 \\
\underline{-51} \qquad\qquad \text{Rest:}\quad 4 \\
72 \\
\underline{-68} \\
4
\end{array}
$$

Beispiel:

$$\frac{x^3 + 3x^2 - 4x + 7}{x^2 - 3x + 2} = x + 6 + \frac{12x - 5}{x^2 - 3x + 2}$$

$$
\begin{array}{l}
(x^3 \quad +3x^2 \quad -4x \quad +7) \ : \ (x^2 - 3x + 2) = x + 6 \\
\underline{-(x^3 \quad -3x^2 \quad +2x)} \\
6x^2 \quad -6x \\
\underline{-(6x^2 \quad -18x \quad +12)} \qquad \text{Rest}: \ \dfrac{12x - 5}{x^2 - 3x + 2} \\
12x \quad -5
\end{array}
$$

★ Zähler- und Nennerpolynom wurden nach fallenden Potenzen von x sortiert.

Enthalten Polynome mehrere Buchstabensymbole, müssen Zähler und Nenner bezüglich einer Größe nach fallenden Potenzen geordnet werden. Man spricht hier von *Partialdivision*.

Beispiel: $\dfrac{a^3 + 2a^2b - ab^2 - 2b^3}{a^2 + 3ab + 2b^2} = a - b$

$$
\begin{array}{l}
(a^3 \quad + 2a^2b \;- ab^2 \quad -2b^3) \;:\; (a^2 + 3ab + 2b^2) \;=\; a - b \\
\underline{-(a^3 \quad + 3a^2b \; +2ab^2)} \\
\qquad - \; a^2b \;- 3ab^2 \; - 2b^3 \\
\qquad \underline{-(- \; a^2b \;- 3ab^2 \; - 2b^3)} \\
\hfill 0
\end{array}
$$

★ Auch solche Divisionen müssen im Allgemeinen nicht „aufgehen".

Gebrochen rationale Funktionen

Funktionen der Gestalt $y = r(x)$ mit

$$
r(x) = \frac{p_m(x)}{q_n(x)} = \frac{a_m x^m + a_{m-1} x^{m-1} + \cdots + a_1 x + a_0}{b_n x^n + b_{n-1} x^{n-1} + \cdots + b_1 x + b_0}, \quad a_m, b_n \neq 0
$$

heißen *gebrochen rationale* Funktionen, und zwar *echt* gebrochen für $m < n$ und *unecht* gebrochen für $m \geq n$.

Nullstellen	– alle Nullstellen des Zählerpolynoms, die keine Nullstellen des Nennerpolynoms sind
Polstellen	– alle Nullstellen des Nennerpolynoms, die keine Nullstellen des Zählerpolynoms sind und alle gemeinsamen Nullstellen von Zähler und Nenner, deren Vielfachheit im Zähler kleiner als ihre Vielfachheit im Nenner ist
Lücken	– alle gemeinsamen Nullstellen des Zähler- und Nennerpolynoms, deren Vielfachheit im Zählerpolynom größer oder gleich ihrer Vielfachheit im Nennerpolynom ist

★ Eine *unecht* gebrochene rationale Funktion kann durch *Polynomdivision* auf die Form $\boxed{r(x) = p(x) + s(x)}$ gebracht werden mit $p(x)$ – Polynom (*Asymptote*) und $s(x)$ – *echt* gebrochen rationale Funktion.

Exponential- und Logarithmusfunktionen

Exponentialfunktionen

$y = a^x$	–	Exponentialfunktion, $a \in \mathbb{R}$, $a > 0$ (Basis)
Spezialfall $a = $ e:		
$y = \mathrm{e}^x = \exp(x)$	–	Exponentialfunktion zur Basis e

Definitionsbereich: $D_f = \mathbb{R}$

Wertebereich: $W_f = \mathbb{R}^+ = \{y \mid y > 0\}$

★ Die Umkehrfunktion der Exponentialfunktion $y = a^x$ (mit x als Exponent) ist die Logarithmusfunktion $y = \log_a x$ (▶ S. 34).

★ Rechengesetze ▶ Potenzen (siehe S. 21)

★ Das Wachstum einer Exponentialfunktion mit $a > 1$ ist stärker als das Wachstum jeder Potenzfunktion $y = x^n$.

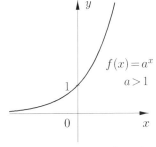

monoton wachsende
Exponentialfunktion

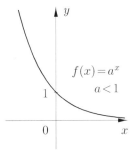

monoton fallende
Exponentialfunktion

Negativer Exponent

Durch die Umformung

$$a^{-x} = \left(\frac{1}{a}\right)^x, \quad a > 0,$$

können Funktionswerte für negativen (positiven) Exponenten auf Funktionswerte mit positivem (negativem) Exponenten zurückgeführt werden.

Logarithmusfunktionen

$y = \log_a x$	–	Logarithmusfunktion, $\quad a \in \mathbb{R},\ a > 1$
		x – Argument; a – Basis
Spezialfall $\quad a = $ e:		
$y = \ln x$	–	Funktion des natürlichen Logarithmus
Spezialfall $\quad a = 10$:		
$y = \lg x$	–	Funktion des dekadischen Logarithmus

Definitionsbereich: $\ D_f = \mathbb{R}^+ = \{x \in \mathbb{R} \,|\, x > 0\}$

Wertebereich: $\qquad W = \mathbb{R}$

★ Der Wert $y = \log_a x$ ist durch die Relation $x = a^y$ definiert.

★ Rechengesetze ▶ Logarithmen (siehe S. 21).

★ Die Umkehrfunktion der Logarithmusfunktion $y = \log_a x$ ist die Exponentialfunktion (▶ S. 33). bei gleichem Maßstab auf der x- und y-Achse ergibt sich der Graph der Funktion $y = a^x$ als Spiegelung des Graphen von $y = \log_a x$ an der Winkelhalbierenden $y = x$.

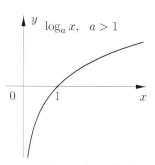

Logarithmusfunktion, monoton wachsend

Basis a, $0 < a < 1$

Durch die Transformation

$$\log_a x = -\log_b x \quad \text{mit} \quad b = \frac{1}{a}$$

kann eine Logarithmusfunktion mit Basis a, $0 < a < 1$, auf eine Logarithmusfunktion mit Basis b, $b > 1$, zurückgeführt werden.

Winkelfunktionen

Wegen des Strahlensatzes herrschen in kongruenten Dreiecken gleiche Verhältnisse zwischen den Seiten, die in rechtwinkligen Dreiecken eindeutig durch einen der nicht rechten Winkel bestimmt sind. Man setzt

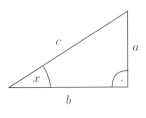

$$\sin x = \frac{a}{c}, \qquad \cos x = \frac{b}{c},$$
$$\tan x = \frac{a}{b}, \qquad \cot x = \frac{b}{a}.$$

Für Winkel x zwischen $\frac{\pi}{2}$ und 2π werden die Strecken a, b entsprechend ihrer Lage in einem rechtwinkligen Koordinatensystem mit Vorzeichen versehen (siehe nachstehende Tabelle).

Quadranten in der Ebene

2. Quadrant
$x \leq 0$
$y \geq 0$

1. Quadrant
$x \geq 0$
$y \geq 0$

3. Quadrant
$x \leq 0$
$y \leq 0$

4. Quadrant
$x \geq 0$
$y \leq 0$

Vorzeichentabelle der trigonometrischen Funktionen

Quadrant	Winkel α	$\sin \alpha$	$\cos \alpha$	$\tan \alpha$	$\cot \alpha$
1.	$0° \leq \alpha \leq 90°$	+	+	+	+
2.	$90° \leq \alpha \leq 180°$	+	−	−	−
3.	$180° \leq \alpha \leq 270°$	−	−	+	+
4.	$270° \leq \alpha \leq 360°$	−	+	−	−

Numerische Methoden der Nullstellenberechnung

Die Bestimmung von Nullstellen einer stetigen Funktion (speziell: eines Polynoms höheren Grades) ist oftmals nicht exakt möglich; das „Erraten" von Lösungen führt nur in Ausnahmefällen zum Ziel. Dann bleibt nur die *näherungsweise* Ermittlung von Nullstellen, d. h. von Werten x^* mit der Eigenschaft $f(x^*) = 0$ bzw. von Werten x mit $|f(x)| < \varepsilon$.

Gesucht: Nullstelle x^* der stetigen Funktion $f(x)$; ε sei die Genauigkeitsschranke für den Abbruch der Iterationsverfahren.

Wertetabelle

Berechne für ausgewählte Werte x die zugehörigen Funktionswerte $f(x)$. Im Ergebnis erhält man eine ungefähre Übersicht über den Kurvenverlauf von f und die Lage der Nullstellen.

Intervallhalbierung (Bisektion)

Gegeben: Punkt x_l mit $f(x_l) < 0$ und x_r mit $f(x_r) > 0$, d. h., ein Punkt mit einem negativen und einer mit einem positiven Funktionswert. Dann muss (wegen der Stetigkeit von f) im Intervall $[x_l, x_r]$ mindestens eine Nullstelle von f liegen.

---

1. Berechne den Mittelpunkt $x_m = \frac{1}{2}(x_l + x_r)$ des Intervalls $[x_l, x_r]$ sowie $f(x_m)$.

2. Falls $|f(x_m)| < \varepsilon$, so stoppe und nimm den Punkt x_m als Näherung für die Nullstelle x^*.

3. Falls das Abbruchkriterium noch nicht erfüllt ist, so unterscheide die folgenden beiden Fälle:

Gilt $f(x_m) < 0$, so setze $x_l := x_m$ (x_r bleibt unverändert); gilt hingegen $f(x_m) > 0$, so setze $x_r := x_m$ (x_l bleibt unverändert). Gehe zu Schritt 1.

★   Für $f(x_l) > 0$, $f(x_r) < 0$ lässt sich das Verfahren entsprechend anpassen.

★   Die Methode der Intervallhalbierung ist sehr einfach, aber leider auch sehr langsam.

Sekantenverfahren (regula falsi, lineare Interpolation)

Gegeben: Punkt x_l mit $f(x_l) < 0$ und Punkt x_r mit $f(x_r) > 0$, also ein Punkt mit negativem und einer mit positivem Funktionswert. Im Intervall $[x_l, x_r]$ liegt dann mindestens eine Nullstelle von f.

1. Berechne $x_s = x_l - \dfrac{x_r - x_l}{f(x_r) - f(x_l)} \cdot f(x_l)$ sowie $f(x_s)$.

2. Falls $|f(x_s)| < \varepsilon$, so stoppe und nimm x_s als Näherung für die exakte Nullstelle x^*.

3. Falls das Abbruchkriterium noch nicht erfüllt ist, so unterscheide die folgenden beiden Fälle:

Gilt $f(x_s) < 0$, so setze $x_l := x_s$ (x_r bleibt dabei unverändert); gilt hingegen $f(x_s) > 0$, so setze $x_r := x_s$ (x_l bleibt unverändert). Gehe zu Schritt 1.

★ Für $f(x_l) > 0$, $f(x_r) < 0$ lässt sich das Verfahren anpassen.

Tangentenverfahren (Newtonverfahren)

Gegeben: Startwert x_0, der in einer (kleinen) Umgebung der exakten Nullstelle x^* gelegen ist. Die Funktion f sei differenzierbar.

1. Berechne $x_{k+1} = x_k - \dfrac{f(x_k)}{f'(x_k)}$, $k = 0, 1, 2, \ldots$

2. Falls $|f(x_{k+1})| < \varepsilon$, so stoppe und nimm x_{k+1} als Näherung für x^*.

3. Falls das Abbruchkriterium noch nicht erfüllt ist, so setze $k := k+1$ und gehe zu Schritt 1.

★ Falls $f'(x_k) = 0$ für ein gewisses k gilt, so starte das Verfahren neu mit einem anderen Startpunkt x_0.

★ Anderes Abbruchkriterium: $|x_{k+1} - x_k| < \varepsilon$.

Descartes'sche Vorzeichenregel.

Ist w die Zahl der Vorzeichenwechsel in der Koeffizientenfolge $a_0, a_1, \ldots, a_n$ des Polynoms $\sum_{k=0}^{n} a_k x^k$ (Nullen werden weggelassen), so beträgt die Anzahl **positiver** Nullstellen w oder $w - 2$ oder $w - 4, \ldots$

Ausgewählte ökonomische Funktionen

Bezeichnungen

x	–	Menge eines Gutes (in ME)
p	–	Preis eines Gutes (in GE/ME)
E	–	Volkseinkommen, Sozialprodukt (in GE/ZE)

Mikro- und makroökonomische Funktionen

$x = x(p)$	– Nachfragefunktion (Preis-Absatz-Funktion); i. Allg. streng monoton fallend; x – nachgefragte bzw. abgesetzte Menge
$p = p(x)$	– Angebotsfunktion; i. Allg. monoton wachsend; x – angebotene Menge
$U(p) = x(p) \cdot p$	– Umsatzfunktion (Ertragsfunktion, Erlösfunktion); in Abhängigkeit vom Preis p
$K(x) = K_f + K_v(x)$	– Kostenfunktion als Summe aus Fixkosten und mengenabhängigem variablem Kostenanteil
$k(x) = \dfrac{K(x)}{x}$	– Durchschnitts(gesamt)kosten; Stückkosten
$k_f(x) = \dfrac{K_f}{x}$	– durchschnittliche fixe (stückfixe) Kosten
$k_v(x) = \dfrac{K_v(x)}{x}$	– durchschnittliche variable (stückvariable) K.
$G(x) = U(x) - K(x)$	– Gewinn (Betriebsgewinn)
$g(x) = \dfrac{G(x)}{x}$	– Durchschnittsgewinn; Stückgewinn

★ Der Wert der zu einer Funktion f gehörenden *Durchschnittsfunktion* $\bar{f}(x) = \frac{f(x)}{x}$ ist gleich der Steigung des vom Ursprung zum Punkt $(x, f(x))$ verlaufenden Strahls. Er gibt den **pro Einheit** von x entfallenden Funktionswert an.

★ Ein der Gleichung $G(x) = 0$, d. h. $U(x) = K(x)$ genügender Punkt x wird *Gewinnschwelle* genannt, seine Ermittlung (*Break-even-Analyse*) erfolgt im Allgemeinen mit einem numerischen Näherungsverfahren.

★ Der Stückgewinn ist gleich der Differenz aus (Stück-) Preis und Stückkosten: $g(x) = p(x) - k(x)$. Der *Deckungsbeitrag pro Stück* ergibt sich als Differenz aus Preis und stückvariablen Kosten.

Logistische Funktion (Sättigungsprozess)

Die Funktion

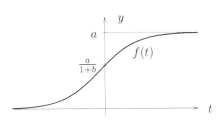

$$y = f(t) = \frac{a}{1 + b \cdot e^{-ct}},$$

$$a, b, c > 0$$

genügt den Beziehungen $\varrho_f(t) = \frac{y'}{y} = p(a - y)$ bzw. $y' = py(a - y)$ (▶ Kapitel Differenzialgleichungen). Hierbei sind: p – Proportionalitätsfaktor, y – Impulsfaktor, $a - y$ – Bremsfaktor.

★ Das Wachstumstempo $\varrho_f(t)$ ist zu einem beliebigen Zeitpunkt t dem Abstand vom Sättigungsniveau a direkt proportional. Der Zuwachs der Funktion f ist dem Produkt aus Impulsfaktor und Bremsfaktor proportional.

Trendfunktion mit periodischen Schwankungen

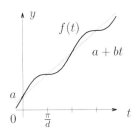

$$y = f(t) = a + bt + c \cdot \sin dt,$$

$$a, b, c, d \in \mathbb{R}$$

★ Die lineare Trendfunktion $a + bt$ wird überlagert von der periodischen Funktion $\sin dt$, die (jährliche) saisonale Schwankungen beschreibt.

Funktionen einer Variablen: Differenzialrechnung

Grenzwert einer Funktion

Eine Zahl $a \in \mathbb{R}$ heißt *Grenzwert* der Funktion f im Punkt x_0, wenn für **jede** gegen den Punkt x_0 konvergierende Punktfolge $\{x_n\}$ mit $x_n \in D_f$ gilt $\lim\limits_{n \to \infty} f(x_n) = a$.

Bezeichnung: $\lim\limits_{x \to x_0} f(x) = a$ oder: $f(x) \to a$ für $x \to x_0$.

Gilt zusätzlich zu obigen Bedingungen die einschränkende Forderung $x_n > x_0$ bzw. $x_n < x_0$, spricht man vom *rechts-* bzw. *linksseitigen* Grenzwert.

Bezeichnung: $\lim\limits_{x \downarrow x_0} f(x) = a$ bzw. $\lim\limits_{x \uparrow x_0} f(x) = a$.

★ Für die Existenz des Grenzwertes einer Funktion müssen rechts- und linksseitiger Grenzwert übereinstimmen.

Konvergiert die Folge $\{f(x_n)\}$ nicht, so sagt man, die Funktion f besitze im Punkt x_0 keinen Grenzwert, sie divergiert. Wachsen (fallen) die Funktionswerte über alle Grenzen (*uneigentlicher* Grenzwert), schreibt man $\lim\limits_{x \to x_0} f(x) = \infty$ (bzw. $-\infty$). In diesem Fall nennt man die Folge *bestimmt divergent*.

Rechenregeln für Grenzwerte

Existieren die beiden Grenzwerte $\lim\limits_{x \to x_0} f(x) = a$ und $\lim\limits_{x \to x_0} g(x) = b$, so gilt:

$$\lim\limits_{x \to x_0} (f(x) \pm g(x)) = a \pm b, \qquad \lim\limits_{x \to x_0} (f(x) \cdot g(x)) = a \cdot b,$$

$$\lim\limits_{x \to x_0} \frac{f(x)}{g(x)} = \frac{a}{b}, \quad \text{falls } b \neq 0,\ g(x) \neq 0 \ \forall x.$$

L'Hospital'sche Regeln für $\dfrac{0}{0}$ bzw. $\dfrac{\infty}{\infty}$

Die Funktionen f und g seien differenzierbar in einer Umgebung von x_0, ferner existiere der Grenzwert $\lim\limits_{x \to x_0} \dfrac{f'(x)}{g'(x)} = K$ (als endlicher oder unendlicher Wert). Schließlich gelte $g'(x) \neq 0$, $\lim\limits_{x \to x_0} f(x) = 0$, $\lim\limits_{x \to x_0} g(x) = 0$ oder $\lim\limits_{x \to x_0} |f(x)| = \lim\limits_{x \to x_0} |g(x)| = \infty$. Dann gilt auch die Beziehung $\lim\limits_{x \to x_0} \dfrac{f(x)}{g(x)} = K$.

★ Im Fall $x \to \pm\infty$ gelten analoge Aussagen.

★ Ausdrücke der Form $0 \cdot \infty$ oder $\infty - \infty$ lassen sich durch Umformung auf die Gestalt $\frac{0}{0}$ oder $\frac{\infty}{\infty}$ bringen. Ausdrücke der Art 0^0, ∞^0 oder 1^∞ werden mithilfe der Umformung $f(x)^{g(x)} = e^{g(x) \ln f(x)}$ auf die Form $0 \cdot \infty$ gebracht.

Wichtige Grenzwerte

$$\lim_{x \to \pm\infty} \frac{1}{x} = 0, \qquad \lim_{x \to \infty} e^x = \infty, \qquad \lim_{x \to -\infty} e^x = 0$$

$$\lim_{x \to \infty} x^n = \infty \ (n \geq 1), \qquad \lim_{x \to \infty} \ln x = \infty, \qquad \lim_{x \downarrow 0} \ln x = -\infty$$

$$\lim_{x \to \infty} \frac{x^n}{e^{\alpha x}} = 0 \ (\alpha \in \mathbb{R}, \, \alpha > 0, \, n \in \mathbb{N}), \qquad \lim_{x \to \infty} q^x = 0 \ (0 < q < 1)$$

$$\lim_{x \to \infty} \left(1 + \frac{\alpha}{x}\right)^x = e^\alpha \quad (\alpha \in \mathbb{R}), \qquad \lim_{x \to \infty} q^x = \infty \ (q > 1)$$

Stetigkeit

Eine Funktion $f : D_f \to \mathbb{R}$ wird *stetig im Punkt* $x_0 \in D_f$ genannt, wenn gilt: $\lim\limits_{x \to x_0} f(x) = f(x_0)$.

★ Ist eine Funktion stetig $\forall\, x \in D_f$, so wird sie *stetig* genannt.

Arten von Unstetigkeitsstellen

endlicher Sprung	–	$\lim\limits_{x\downarrow x_0} f(x) \neq \lim\limits_{x\uparrow x_0} f(x)$
unendlicher Sprung	–	mindestens einer der beiden einseitigen Grenzwerte ist unendlich
Polstelle	–	$\left\| \lim\limits_{x\downarrow x_0} f(x) \right\| = \left\| \lim\limits_{x\uparrow x_0} f(x) \right\| = \infty$
Lücke	–	$\lim\limits_{x\to x_0} f(x) = a$ existiert, aber f ist nicht definiert für $x = x_0$ oder es gilt $f(x_0) \neq a$

★ Gebrochen rationale Funktionen besitzen an den Nullstellen ihres Nenners Polstellen, sofern der Zähler an diesen Stellen ungleich null ist (▶ gebrochen rationale Funktionen; siehe S. 32).

Eigenschaften stetiger Funktionen

★ Sind die Funktionen f und g stetig auf ihren Definitionsbereichen D_f bzw. D_g, so sind die Funktionen $f + g$, $f - g$, $f \cdot g$ und $\frac{f}{g}$ stetig auf $D_f \cap D_g$ (letztere für $g(x) \neq 0$).

★ Ist die Funktion f im abgeschlossenen Intervall $[a, b]$ stetig, so nimmt sie auf diesem Intervall ihren größten Wert $f_{\max}$ und ihren kleinsten Wert $f_{\min}$ an. Jede dazwischen liegende Zahl wird mindestens einmal als Funktionswert angenommen.

Rechenregeln für Grenzwerte stetiger Funktionen

Ist f stetig, so gilt $\lim\limits_{x\to x_0} f(g(x)) = f\left(\lim\limits_{x\to x_0} g(x) \right)$.

Speziell:

$$\lim\limits_{x\to x_0} (f(x))^n = \left(\lim\limits_{x\to x_0} f(x) \right)^n, \qquad \lim\limits_{x\to x_0} a^{f(x)} = a^{\left(\lim\limits_{x\to x_0} f(x) \right)}, \; a > 0$$

$$\lim\limits_{x\to x_0} \ln f(x) = \ln \left(\lim\limits_{x\to x_0} f(x) \right), \; \text{falls } f(x) > 0$$

Differenziation

Differenzen- und Differenzialquotient

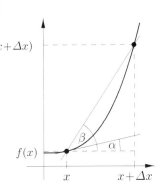

$$\frac{\Delta y}{\Delta x} = \frac{f(x + \Delta x) - f(x)}{\Delta x} = \tan \beta$$

$$\frac{dy}{dx} = \lim_{\Delta x \to 0} \frac{f(x + \Delta x) - f(x)}{\Delta x} = \tan \alpha$$

Falls letzterer Grenzwert existiert, heißt die Funktion f an der Stelle *an der Stelle x differenzierbar*. Sie ist dann dort auch stetig. Ist f differenzierbar $\forall x \in D_f$, so wird sie *differenzierbar* auf D_f genannt.

Der Grenzwert wird *Differenzialquotient* oder *Ableitung* genannt und mit $\frac{dy}{dx}$, $\frac{df}{dx}$ oder $f'(x)$ bezeichnet. Der *Differenzenquotient* $\frac{\Delta y}{\Delta x}$ entspricht dem Anstieg der Sekante durch die Kurvenpunkte $(x, f(x))$ und $(x + \Delta x, f(x + \Delta x))$. Der Differenzialquotient ist der Anstieg der Tangente an den Graph von f im Punkt $(x, f(x))$.

Differenzial

Für eine an der Stelle x_0 differenzierbare Funktion f ist

$$\Delta y = \Delta f(x_0) = f(x_0 + \Delta x) - f(x_0) = f'(x_0) \cdot \Delta x + o(\Delta x),$$

wobei die Beziehung $\lim_{\Delta x \to 0} \frac{o(\Delta x)}{\Delta x} = 0$ gilt. Dabei ist $o(\cdot)$ das *Landau'sche Symbol* (gesprochen: klein o), eine Größe, die von höherer Ordnung klein ist als Δx. Der Ausdruck $\boxed{dy = df(x_0) = f'(x_0) \cdot \Delta x}$

heißt *Differenzial* der Funktion f im Punkt x_0. Er stellt den Hauptanteil der Funktionswertänderung bei Änderung des Argumentes x_0 um Δx dar:

$$\boxed{\Delta f(x_0) \approx f'(x_0) \cdot \Delta x}$$

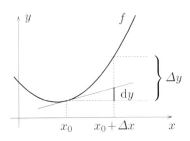

Differenziationsregeln

	Funktion	Ableitung
Faktorregel	$a \cdot u(x)$	$a \cdot u'(x),$ a – reell
Summenregel	$u(x) \pm v(x)$	$u'(x) \pm v'(x)$
Produktregel	$u(x) \cdot v(x)$	$u'(x) \cdot v(x) + u(x) \cdot v'(x)$
Quotientenregel	$\dfrac{u(x)}{v(x)}$	$\dfrac{u'(x) \cdot v(x) - u(x) \cdot v'(x)}{[v(x)]^2}$
Spezialfall:	$\dfrac{1}{v(x)}$	$-\dfrac{v'(x)}{[v(x)]^2}$
Kettenregel	$u(v(x))$ mit $y = u(z),\ z = v(x)$	$u'(z) \cdot v'(x)$
Ableitung mittels Umkehrfunktion	$f(x)$	$\dfrac{1}{(f^{-1})'(f(x))}$
implizite Funktion	$y = f(x)$ gegeben als $F(x, y) = 0$	$f'(x) = -\dfrac{F_x(x, y)}{F_y(x, y)}$

★ Ein Faktor bleibt beim Differenzieren erhalten.

★ Die Ableitung einer Summe von Funktionen ist gleich der Summe der Ableitungen.

★ Die Ableitung eines Produkts zweier Funktionen ergibt sich so: Leite jeweils einen der beiden Faktoren ab und lasse den anderen unverändert; addiere danach beide Ergebnisse.

★ Die Kettenregel besagt: Wird eine zusammengesetzte Funktion, bestehend aus innerer und äußerer Funktion, abgeleitet, so hat man die Ableitung der äußeren Funktion mit der Ableitung der inneren Funktion zu multiplizieren.

★ Differenziation mittels Umkehrfunktion wird angewendet, wenn die Umkehrfunktion „leichter" zu differenzieren ist als die ursprüngliche Funktion.

Ableitungen elementarer Funktionen

$f(x)$	$f'(x)$	$f(x)$	$f'(x)$
$c = \text{const}$	0	$\ln x$	$\dfrac{1}{x}$
x	1	$\log_a x$	$\dfrac{1}{x \cdot \ln a} = \dfrac{1}{x} \cdot \log_a e$
x^n	$n \cdot x^{n-1}$	$\lg x$	$\dfrac{1}{x} \cdot \lg e$
$\dfrac{1}{x}$	$-\dfrac{1}{x^2}$	$\sin x$	$\cos x$
$\dfrac{1}{x^n}$	$-\dfrac{n}{x^{n+1}}$	$\cos x$	$-\sin x$
$\sqrt{x}$	$\dfrac{1}{2\sqrt{x}}$	$\tan x$	$1 + \tan^2 x = \dfrac{1}{\cos^2 x}$
$\sqrt[n]{x}$	$\dfrac{1}{n \sqrt[n]{x^{n-1}}}$	$\cot x$	$-1 - \cot^2 x = -\dfrac{1}{\sin^2 x}$
a^x	$a^x \cdot \ln a$	e^x	e^x

Ökonomische Interpretation der ersten Ableitung

★ In wirtschaftswissenschaftlichen Anwendungen wird die erste Ableitung einer Funktion oft als *Grenzfunktion* oder *Marginalfunktion* bezeichnet, die in der *Marginalanalyse* verwendet wird. Dabei sind die **Maßeinheiten** der eingehenden Größen wichtig:

$$\text{Maßeinheit der Grenzfunktion } f' = \frac{\text{Maßeinheit von } f}{\text{Maßeinheit von } x}$$

Maßeinheiten ökonomischer Funktionen und der zugehörigen Grenzfunktionen

GE – Geldeinheit, ME, ME_i – Mengeneinheit(en), ZE – Zeiteinheit

Funktion $f(x)$	Maßeinheit von f	x	Grenzfunktion $f'(x)$	Maßeinheit von f'
Kosten	GE	ME	Grenzkosten	$\dfrac{\text{GE}}{\text{ME}}$
Stückkosten	$\dfrac{\text{GE}}{\text{ME}}$	ME	Grenzstückkosten	$\dfrac{\text{GE/ME}}{\text{ME}}$
Umsatz (mengenabhängig)	GE	ME	Grenzumsatz	$\dfrac{\text{GE}}{\text{ME}}$
Umsatz (preisabhängig)	GE	$\dfrac{\text{GE}}{\text{ME}}$	Grenzumsatz	$\dfrac{\text{GE}}{\text{GE/ME}}$
Produktionsfunktion	ME_1	ME_2	Grenzproduktivität (Grenzertrag)	$\dfrac{ME_1}{ME_2}$
Durchschnittsertrag	$\dfrac{ME_1}{ME_2}$	ME_2	Grenzdurchschnittsertrag	$\dfrac{ME_1/ME_2}{ME_2}$
Gewinn	GE	ME	Grenzgewinn	GE/ME
Stückgewinn	$\dfrac{\text{GE}}{\text{ME}}$	ME	Grenzstückgewinn	$\dfrac{\text{GE/ME}}{\text{ME}}$

★ Die Grenzfunktion beschreibt **näherungsweise** die Funktionswertänderung bei Änderung der unabhängigen Variablen x um eine Einheit, d. h. $\Delta x = 1$ (▶ Differenzial). Hintergrund ist der praktisch-ökonomische Begriff der *Grenzfunktion* als Funktionswertänderung bei Änderung von x um eine Einheit: $\Delta f(x) = f(x+1) - f(x)$.

Änderungsraten und Elastizitäten

Betrachtet wird die Funktion $y = f(x)$ über dem Intervall $[x, x + \Delta x]$ der Länge Δx, wobei x den alten und $x_1 = x + \Delta x$ den neuen Wert bezeichnet. Ferner gelte $y = f(x)$, $y_1 = f(x_1) = f(x + \Delta x)$. Ferner sind ME_x und ME_y die Maßeinheiten von x bzw. y.

Formel	Bezeichnung	Maßeinheit
$\Delta x = x_1 - x$	Änderung von x	ME_x
$\Delta y = y_1 - y$	Änderung von y	ME_y
$\dfrac{\Delta x}{x}$	mittlere relative Änderung von x ($x \neq 0$)	dimensionslos/ Prozent
$\dfrac{\Delta y}{y}$	mittlere relative Änderung von y ($y \neq 0$)	dimensionslos/ Prozent
$\dfrac{\Delta y}{\Delta x} = \dfrac{y_1 - y}{x_1 - x}$	mittlere Änderung von y; Differenzenquotient; Anstieg der Sekante	ME_y/ME_x
$f'(x) = \lim\limits_{\Delta x \to 0} \dfrac{\Delta y}{\Delta x}$	erste Ableitung von f im Punkt x; Differenzialquotient; Anstieg der Tangente	ME_y/ME_x
$R(x) = \dfrac{\Delta y}{y} \cdot \dfrac{1}{\Delta x}$ $= \dfrac{\Delta y}{\Delta x} \cdot \dfrac{1}{y}$	mittlere Änderungsrate von y im Punkt x; mittlere Änderung von y, bezogen auf den alten Wert y	Prozent/ME_x
$\varrho(x) = \dfrac{f'(x)}{f(x)}$	Änderungsrate von y im Punkt x; Wachstumsgeschwindigkeit	Prozent/ME_x
$E(x) = \dfrac{\Delta y}{y} : \dfrac{\Delta x}{x}$ $= \dfrac{\Delta y}{\Delta x} \cdot \dfrac{x}{y}$	mittlere Elastizität von y im Intervall $[x + \Delta x]$; mittlere relative Änderung von y, bezogen auf die relative Änderung von x	dimensionslos/ Prozent
$\varepsilon_{y,x} = f'(x) \cdot \dfrac{x}{y}$	(Punkt-)Elastizität von f im Punkt x	dimensionslos/ Prozent

★ In allen Begriffen, wo $f'(x)$ auftritt, muss die Funktion f differenzierbar sein.

★ Es gilt $\varrho(x) = \lim\limits_{\triangle x \to 0} R(x)$ sowie $\varepsilon_{y,x} = \lim\limits_{\triangle x \to 0} E(x)$. Dies erkennt man aus der Definition von $R(x)$ und $E(x)$.

★ Die mittlere Elastizität und die Elastizität sind unabhängig von den für x und $f(x)$ gewählten Maßeinheiten (dimensionslos). Die Elastizität gibt näherungsweise an, um wie viel Prozent sich $f(x)$ ändert (= relative Änderung), wenn sich x um $1\,\%$ ändert. In theoretischen Untersuchungen wird in der Regel von der Punktelastizität ausgegangen, in der Praxis wird hingegen oft die mittlere Elastizität, auch *Streckenelastizität* genannt, verwendet.

★ Untersucht man z. B. die relative Änderung der Nachfrage bei einer relativen Änderung des Preises, ist das die *Nachfrageelastizität* bezüglich des Preises.

★ Beschreibt $y = f(t)$ das Wachstum (die Veränderung) einer ökonomischen Größe in Abhängigkeit von der Zeit t, so gibt $\varrho_f(t)$ die näherungsweise prozentuale Änderung von $f(t)$ pro Zeiteinheit zum Zeitpunkt t an.

Elastizitätseigenschaften von Funktionen

Eine Funktion f heißt im Punkt x

elastisch,	falls $|\varepsilon_f(x)| > 1$	$f(x)$ ändert sich relativ stärker als x,
proportional elastisch (1-elastisch)	falls $|\varepsilon_f(x)| = 1$	näherungsweise gleiche relative Änderung bei x und $f(x)$,
unelastisch,	falls $|\varepsilon_f(x)| < 1$	$f(x)$ ändert sich relativ weniger stark als x,
vollkommen unelastisch (starr),	falls $\varepsilon_f(x) = 0$	in linearer Näherung keine Änderung von $f(x)$ bei (kleiner) Änderung von x.

Rechenregeln für Elastizitäten

Regel	Elastizität
konstanter Faktor	$\varepsilon_{cf}(x) = \varepsilon_f(x) \quad (c \in \mathbb{R})$
Summe	$\varepsilon_{f+g}(x) = \dfrac{f(x)\varepsilon_f(x) + g(x)\varepsilon_g(x)}{f(x) + g(x)}$
Produkt	$\varepsilon_{f \cdot g}(x) = \varepsilon_f(x) + \varepsilon_g(x)$
Quotient	$\varepsilon_{\frac{f}{g}}(x) = \varepsilon_f(x) - \varepsilon_g(x)$
mittelbare Funktion	$\varepsilon_{f \circ g}(x) = \varepsilon_f(g(x)) \cdot \varepsilon_g(x)$
Umkehrfunktion	$\varepsilon_{f^{-1}}(y) = \dfrac{1}{\varepsilon_f(x)}$

Elastizität der Durchschnittsfunktion

$\boxed{\varepsilon_{\bar{f}}(x) = \varepsilon_f(x) - 1}$ $\bar{f}$ – Durchschnittsfunktion: $\bar{f}(x) = \dfrac{f(x)}{x}$, $x \neq 0$

★ Sind $U(p) = p \cdot x(p)$ der Umsatz und $x(p)$ die Nachfrage, so ist wegen der Beziehung $\overline{U}(p) = x(p)$ die Preiselastizität der Nachfrage stets um eins kleiner als die des Umsatzes.

$\boxed{f'(x) = \bar{f}(x) \cdot \varepsilon_f(x) = \bar{f}(x) \cdot \left(1 + \varepsilon_{\bar{f}}(x)\right)}$ **Amoroso-Robinson-Gleichung**

Mittelwertsatz der Differenzialrechnung

Die Funktion f sei auf dem Intervall $[a, b]$ stetig und auf (a, b) differenzierbar. Dann gibt es (mindestens) eine Zahl $\xi \in (a, b)$, für die die

Beziehung $\boxed{\dfrac{f(b) - f(a)}{b - a} = f'(\xi)}$ gilt.

Höhere Ableitungen und Taylorentwicklung

Höhere Ableitungen

Die Funktion f heißt *n-mal differenzierbar*, wenn die Ableitungen f', $f'' := (f')'$, ..., $f^{(n)} := (f^{(n-1)})'$ existieren. Die Funktion $f^{(n)}$ wird *n-te Ableitung* von f genannt. Mit $f^{(0)}$ wird die Funktion f selbst bezeichnet. Höhere Ableitungen werden vor allem in der Extremwertrechnung verwendet.

Satz von Taylor

Die Funktion f sei in einer Umgebung $U_\varepsilon(x_0)$ des Punktes x_0 $(n+1)$-mal differenzierbar. Ferner sei $x \in U_\varepsilon(x_0)$. Dann gibt es eine zwischen x_0 und x gelegene Zahl ξ, genannt *Zwischenstelle* oder *Zwischenwert*, für die

$$f(x) = f(x_0) + \frac{f'(x_0)}{1!}(x - x_0) + \ldots + \frac{f^{(n)}(x_0)}{n!}(x - x_0)^n + R(\xi)$$

gilt, wobei der letzte Summand $R(\xi) = \dfrac{f^{(n+1)}(\xi)}{(n+1)!}(x-x_0)^{n+1}$ das *Restglied* in Lagrange-Form ist. Dieses beschreibt den begangenen Fehler, wenn man $f(x)$ durch die aus den ersten $n+1$ Summanden bestehende Polynomfunktion n-ten Grades ersetzt.

Speziell gilt:

$$f(x) \approx f(x_0) + \frac{f'(x_0)}{1!}(x - x_0) \qquad \text{-- lineare Approximation}$$

$$f(x) \approx f(x_0) + \frac{f'(x_0)}{1!}(x-x_0) + \frac{f''(x_0)}{2!}(x-x_0)^2 \quad \text{-- quadratische Approximation}$$

★ Die lineare und die quadratische Approximation einer „komplizierten" Funktion dienen dazu, diese durch einfachere Funktionen zu ersetzen.

Eigenschaften von Funktionen

Monotonie

Die Funktion f sei im Intervall $[a, b]$ definiert und differenzierbar. Dann gilt auf dem Intervall $[a, b]$

$f'(x) = 0$	$\forall\, x \in [a, b]$	$\Longleftrightarrow$	f ist konstant
$f'(x) \geq 0$	$\forall\, x \in [a, b]$	$\Longleftrightarrow$	f ist monoton wachsend
$f'(x) \leq 0$	$\forall\, x \in [a, b]$	$\Longleftrightarrow$	f ist monoton fallend
$f'(x) > 0$	$\forall\, x \in [a, b]$	$\Longrightarrow$	f ist streng monoton wachsend
$f'(x) < 0$	$\forall\, x \in [a, b]$	$\Longrightarrow$	f ist streng monoton fallend

★ Die Umkehrung der letzten beiden Ausssagen gilt nur in abgeschwächter Form: Wächst (fällt) f streng monoton auf $[a, b]$, so folgt nur $f'(x) \geq 0$ (bzw. $f'(x) \leq 0$). Allerdings gilt: Ist f streng monoton wachsend (fallend), so gilt $f'(x) > 0$ (bzw. $f'(x) < 0$) $\forall x \in [a, b]$ bis auf endlich bzw. abzählbar viele Punkte.

Notwendige Bedingung für ein Extremum

Besitzt die Funktion f an der Stelle $x_0 \in (a, b)$ ein (lokales oder globales) Extremum und ist f im Punkt x_0 differenzierbar, so gilt $\boxed{f'(x_0) = 0}$ Jeder Punkt x_0 mit dieser Eigenschaft heißt *stationärer* Punkt der Funktion f.

★ Die Aussage trifft nur auf Punkte zu, wo f differenzierbar ist; außerdem können Randpunkte des Definitionsbereiches und Stellen, an denen f nicht differenzierbar ist (*Knickstellen*), Extremstellen sein.

Hinreichende Bedingungen für Extrema

Ist die Funktion f n-mal stetig differenzierbar im Intervall $(a, b) \subseteq D_f$, so hat f an der Stelle $x_0 \in (a, b)$ ein Extremum, wenn

$$f'(x_0) = f''(x_0) = \ldots = f^{(n-1)}(x_0) = 0, \quad f^{(n)}(x_0) \neq 0$$

gilt und n gerade ist. Bei $f^{(n)}(x_0) < 0$ liegt in x_0 ein Maximum vor, bei $f^{(n)}(x_0) > 0$ ein Minimum.

★ Speziell gilt:

$$f'(x_0) = 0 \land f''(x_0) < 0 \implies f \text{ hat in } x_0 \text{ ein lokales Maximum}$$
$$f'(x_0) = 0 \land f''(x_0) > 0 \implies f \text{ hat in } x_0 \text{ ein lokales Minimum}$$

★ Für die Randpunkte a, b gilt ferner, falls f dort stetig differenzierbar ist:

$$f'(a) < 0 \implies f \text{ hat in } a \text{ ein lokales Maximum}$$
$$f'(a) > 0 \implies f \text{ hat in } a \text{ ein lokales Minimum}$$
$$f'(b) > 0 \implies f \text{ hat in } b \text{ ein lokales Maximum}$$
$$f'(b) < 0 \implies f \text{ hat in } b \text{ ein lokales Minimum}$$

★ Ist f in der *Umgebung* $U_\varepsilon(x_0) = \{x\colon |x - x_0| < \varepsilon\}$, $\varepsilon > 0$, eines stationären Punktes x_0 differenzierbar und wechselt in x_0 das Vorzeichen von f', so liegt in x_0 ein lokales Extremum vor und zwar ein Maximum, falls $f'(x) > 0$ für $x < x_0$ und $f'(x) < 0$ für $x > x_0$ gilt. Wechselt das Vorzeichen der Ableitung vom Negativen ins Positive, handelt es sich um ein lokales Minimum. Erfolgt in $U_\varepsilon(x_0)$ kein Vorzeichenwechsel von f', so hat die Funktion f **kein** Extremum in x_0; es liegt dann ein *Horizontalwendepunkt* vor.

Krümmungsverhalten einer Funktion

Die Funktion f sei in (a, b) zweimal differenzierbar. Dann gilt:

$$f \text{ konvex in } (a, b) \iff f''(x) \geq 0 \quad \forall\, x \in (a, b)$$
$$f \text{ streng konvex in } (a, b) \impliedby f''(x) > 0 \quad \forall\, x \in (a, b)$$
$$f \text{ konkav in } (a, b) \iff f''(x) \leq 0 \quad \forall\, x \in (a, b)$$
$$f \text{ streng konkav in } (a, b) \impliedby f''(x) < 0 \quad \forall\, x \in (a, b)$$

Notwendige Bedingung für einen Wendepunkt

Ist die Funktion f im Intervall (a, b) zweimal differenzierbar und besitzt sie in x_w einen *Wendepunkt* (Stelle des Wechsels zwischen Konvexität und Konkavität), so gilt $\boxed{f''(x_w) = 0}$

Hinreichende Bedingung für einen Wendepunkt

Ist f in (a, b) dreimal stetig differenzierbar, so ist die Gültigkeit der Beziehung $\boxed{f'''(x_w) \neq 0}$ hinreichend dafür, dass in x_w mit $f''(x_w) = 0$ ein Wendepunkt vorliegt.

Ökonomische Anwendungen der Differenzialrechnung

Bezeichnungen

$\bar{f}(x) = \dfrac{f(x)}{x}$	–	Durchschnittsfunktion
$f'(x)$	–	Grenzfunktion
$K(x) = K_v(x) + K_f$	–	Gesamtkosten = variable Kosten + Fixkosten
$k(x) = \dfrac{K(x)}{x}$	–	(Gesamt-) Stückkosten
$k_v(x) = \dfrac{K_v(x)}{x}$	–	stückvariable Kosten
$G(x) = U(x) - K(x)$	–	Gewinn = Umsatz − Kosten
$g(x) = \dfrac{G(x)}{x}$	–	Stückgewinn

★ Wegen $\bar{f}(1) = f(1)$ stimmen für $x = 1$ Funktionswert und Wert der Durchschnittsfunktion überein.

Durchschnittsfunktion und Grenzfunktion

$$\boxed{\bar{f}'(x) = 0 \quad \Longrightarrow \quad f'(x) = \bar{f}(x)}$$ (notwendige Extremalbedingung)

★ Eine Durchschnittsfunktion kann nur dort einen Extremwert besitzen, wo sie gleich der Grenzfunktion ist.

Speziell gilt: $\boxed{K_v'(x_m) = k_v(x_m) = k_{v,\min}}$

★ An der Stelle x_m minimaler variabler Kosten pro Stück sind Grenzkosten und stückvariable Kosten gleich.

Gewinnmaximierung im Polypol und Monopol

Zu lösen ist die Extremwertaufgabe, deren Ziel die Gewinnmaximierung ist: $G(x) = U(x) - K(x) = p \cdot x - K(x) \to$ max. Ihre Lösung sei x^*.

★ Im *Polypol* ist der Marktpreis p eines Gutes aus Sicht der Anbieter eine Konstante. Im *(Angebots-) Monopol* wird eine (monoton fallende) Preis-Absatz-Funktion $p = p(x)$ als Markt-Gesamtnachfragefunktion unterstellt.

Polypol: Maximierung des Gesamtgewinns

$$\boxed{K'(x^*) = p, \qquad K''(x^*) > 0}$$ (hinreichende Maximumbedingung)

★ Ein polypolistischer Anbieter erzielt ein Gewinnmaximum mit derjenigen Menge x^*, für die die Grenzkosten gleich dem Marktpreis sind. Ein Maximum kann nur existieren, wenn x^* im konvexen Bereich der Kostenfunktion liegt.

Monopol: Maximierung des Gesamtgewinns

$$\boxed{K'(x^*) = U'(x^*), \qquad G''(x^*) < 0}$$ (hinreichende Maximumbedingung)

★ An der Stelle des Gewinnmaximums stimmen Grenzumsatz (Grenzerlös) und Grenzkosten überein (*Cournot'scher Punkt*).

Klassifikation von Wachstum

Gilt $\forall\, t \in [a, b]$, so heißt die Funktion f im Intervall $[a, b]$

(streng) wachsend, wenn $f'(t) > 0$

progressiv (beschleunigt) wachsend, wenn $f'(t) > 0$, $f''(t) > 0$ $(*)$

degressiv (verzögert) wachsend, wenn $f'(t) > 0$, $f''(t) < 0$

linear wachsend, wenn $f'(t) > 0$, $f''(t) = 0$

(streng) fallend, wenn $f'(t) < 0$

Ist $y = f(t)$ eine zeitabhängige positive Größe, so bezeichnet der Quotient $w(t, f) = f'(t)/f(t)$ das *Wachstumstempo* der Funktion f zum Zeitpunkt t.

★ Das Wachstumstempo eignet sich als relativer Wert gut zum Vergleich des Wachstums unterschiedlicher ökonomischer Größen. Es besitzt die Maßeinheit $1/\text{ZE}$, wobei ZE der Maßstab der Zeitmessung von t ist.

Mithilfe des Begriffs Wachstumstempo lässt sich ebenfalls das Wachstumsverhalten einer Funktion alternativ beschreiben:

Die monoton wachsende Funktion f heißt im Intervall $[a, b]$

---

progressiv wachsend, wenn $w(t, f)$ dort monoton wächst,

exponentiell wachsend, wenn $w(t, f)$ dort konstant ist, $(\circ)$

degressiv wachsend, wenn $w(t, f)$ dort monoton fällt.

★ Jede exponentiell wachsende Größe im Sinne $(\circ)$ ist progressiv wachsend im Sinne $(*)$. Die Umkehrung gilt im Allgemeinen nicht.

★ Das Wachstumstempo der Exponentialfunktion $f(t) = a_1 \cdot e^{a_2 t}$ mit $a_1 > 0$ beträgt a_2 und ist somit konstant, sodass f exponentiell wachsend ist.

★ Eine lineare Funktion ist linear wachsend.

★ Eine quadratische Funktion f ist progressiv wachsend im Sinne $(*)$; wegen $f''(x) = \text{const}$ spricht man auch von *konstanter Beschleunigung des Wachstums*.

Kurvendiskussion im Überblick

1. Definitionsbereich $D(f)$: Wo ist f definiert und wo nicht?

2. Wertebereich $W(f)$: Welche Werte kann $f(x)$ annehmen?

3. Schnittpunkt mit der y-Achse: Setze $x = 0$ und berechne $f(0)$.

4. Nullstellen (Schnittpunkte mit der x-Achse): Löse die Aufgabe $f(x) \stackrel{!}{=} 0$.

5. Extrempunkte: Löse die Aufgabe $f'(x) \stackrel{!}{=} 0$ zur Bestimmung stationärer Punkte x_0 und berechne die zugehörigen Funktionswerte und zweiten Ableitungen. Gilt $f''(x_0) > 0$, liegt ein lokales Minimum vor, für $f''(x_0) < 0$ ein lokales Maximum. Bei $f''(x_0) = 0$ ist zunächst keine Aussage möglich.

6. Wendepunkte: Löse die Aufgabe $f''(x) \stackrel{!}{=} 0$ zur Bestimmung wendepunktverdächtiger Stellen x_w und bestimme die Funktionswerte in den erhaltenen Punkten. Gilt die Beziehung $f'''(x_w) \neq 0$, liegt tatsächlich ein Wendepunkt vor, anderenfalls ist zunächst keine Aussage möglich.

7. Verhalten an Polstellen: Untersuche das Verhalten von f in der Nähe von Polstellen x_p, d. h., bestimme $\lim\limits_{x \uparrow x_p} f(x)$ und $\lim\limits_{x \downarrow x_p} f(x)$.

8. Verhalten im Unendlichen: Bestimme $\lim\limits_{x \to +\infty} f(x)$ und $\lim\limits_{x \to -\infty} f(x)$.

9. Monotoniebereiche: Untersuche das Vorzeichen von f' im Intervall $I \in [a, b]$: Gilt $f'(x) \geq 0$ für alle $x \in I$, so ist in diesem Intervall f monoton wachsend, bei $f'(x) \leq 0 \; \forall \, x \in I$ monoton fallend.

10. Krümmungsverhalten: Untersuche das Vorzeichen von f''. Ist in einem Intervall $f''(x) \geq 0$, so ist f dort konvex, bei $f''(x) \leq 0$ konkav.

11. Wertetabelle: Berechne für weitere sinnvoll ausgewählte Punkte die zugehörigen Funktionswerte.

12. Grafische Darstellung: Skizziere die Funktion unter Ausnutzung aller gewonnenen Informationen.

Funktionen einer Variablen: Integralrechnung

Jede Funktion $F : (a, b) \to \mathbb{R}$ mit der Eigenschaft $F'(x) = f(x)$ für alle $x \in (a, b)$ heißt *Stammfunktion* der Funktion $f : (a, b) \to \mathbb{R}$. Die Menge aller Stammfunktionen $\{F + C \,|\, C \in \mathbb{R}\}$ heißt *unbestimmtes Integral* von f auf (a, b); C ist die Integrationskonstante. Man schreibt:
$\int f(x)\,\mathrm{d}x = F(x) + C.$

★ Bei der unbestimmten Integration wird also eine Funktion gesucht, deren Ableitung gerade die Ausgangsfunktion ist (Integration als Umkehrung der Differenziation). Ein solche (Stamm-)Funktion muss nicht notwendig existieren.

Integrationsregeln

konstanter Faktor	$\displaystyle \int \lambda f(x)\,\mathrm{d}x = \lambda \int f(x)\,\mathrm{d}x, \quad \lambda \in \mathbb{R}$
Summe, Differenz	$\displaystyle \int [f(x) \pm g(x)]\,\mathrm{d}x = \int f(x)\,\mathrm{d}x \pm \int g(x)\,\mathrm{d}x$
partielle Integration	$\displaystyle \int u(x)v'(x)\,\mathrm{d}x = u(x)v(x) - \int u'(x)v(x)\,\mathrm{d}x$
Substitution	$\displaystyle \int f(g(x)) \cdot g'(x)\,\mathrm{d}x = \int f(z)\,\mathrm{d}z, \quad z = g(x)$
Speziell: $f(z) = \dfrac{1}{z}$	$\displaystyle \int \frac{g'(x)}{g(x)}\,\mathrm{d}x = \ln|g(x)| + C, \quad g(x) \neq 0$
lineare Substitution	$\displaystyle \int f(ax + b)\,\mathrm{d}x = \frac{1}{a}F(ax + b) + C, \quad a, b \in \mathbb{R}$ (F sei eine Stammfunktion von f) $\quad a \neq 0$

Bestimmtes Integral

Die Fläche A, die zwischen dem Intervall $[a, b]$ der x-Achse und dem Graph der beschränkten Funktion f liegt, kann angenähert werden durch Summen der Form $\sum\limits_{i=1}^{n} f(\xi_i^{(n)}) \Delta x_i^{(n)}$, wobei gilt $\Delta x_i^{(n)} = x_i^{(n)} - x_{i-1}^{(n)}$ sowie $\sum\limits_{i=1}^{n} \Delta x_i^{(n)} = b - a$.

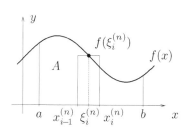

Durch Grenzübergang für $n \to \infty$ und $\Delta x_i^{(n)} \to 0$ entsteht unter gewissen Voraussetzungen das *bestimmte (Riemann'sche) Integral* der Funktion f über dem Intervall $[a, b]$, das gleich der Maßzahl der Fläche A ist: $\displaystyle\int_a^b f(x)\, \mathrm{d}x = A$.

★ Eine Funktion f, für die der oben beschriebene Grenzwert existiert, wird *integrierbar* genannt. Das bedeutet **nicht**, dass es zu f eine Stammfunktion gibt.

Eigenschaften und Rechenregeln

$$\int_a^a f(x)\, \mathrm{d}x = 0, \qquad\qquad \int_a^b f(x)\, \mathrm{d}x = -\int_b^a f(x)\, \mathrm{d}x$$

$$\int_a^b [f(x) \pm g(x)]\, \mathrm{d}x = \int_a^b f(x)\, \mathrm{d}x \pm \int_a^b g(x)\, \mathrm{d}x$$

$$\int_a^b \lambda f(x)\, \mathrm{d}x = \lambda \int_a^b f(x)\, \mathrm{d}x, \quad \lambda \in \mathbb{R}$$

$$\int_a^b f(x)\, \mathrm{d}x = \int_a^c f(x)\, \mathrm{d}x + \int_c^b f(x)\, \mathrm{d}x$$

$$\left| \int_a^b f(x)\, \mathrm{d}x \right| \leq \int_a^b |f(x)|\, \mathrm{d}x, \quad a < b$$

Mittelwertsatz der Integralrechnung

Ist f auf $[a, b]$ stetig, so gibt es mindestens ein $\xi \in [a, b]$ mit

$$\int_a^b f(x)\, dx = (b - a) \cdot f(\xi)$$

Verallgemeinerter Mittelwertsatz der Integralrechnung

Ist f stetig und g integrierbar auf $[a, b]$ und entweder $g(x) \geq 0$ oder $g(x) \leq 0$ für alle $x \in [a, b]$, so gibt es mindestens ein $\xi \in [a, b]$ mit

$$\int_a^b f(x)g(x)\, dx = f(\xi) \int_a^b g(x)\, dx$$

Integral mit variabler oberer Grenze

Ist f stetig auf $[a, b]$, so ist $\int_a^x f(t)\, dt$ für $x \in [a, b]$ eine diffenzierbare Funktion:

$$F(x) = \int_a^x f(t)\, dt \implies F'(x) = f(x)$$

Hauptsatz der Differenzial- und Integralrechnung

Ist f auf $[a, b]$ stetig und F eine Stammfunktion von f auf $[a, b]$, so gilt

$$\int_a^b f(x)\, dx = F(b) - F(a)$$

★ Wenn zu einer Funktion f eine Stammfunktion existiert, so ist die Berechnung des Integrals über f „einfach", indem der Hauptsatz der Differenzial- und Integralrechnung angewendet wird. Gibt es keine Stammfunktion zu f, ist f aber integrierbar, so hat man numerische Methoden anzuwenden (▶ S. 61).

Tabelle unbestimmter Integrale

Grundintegrale (Die Integrationskonstante wird stets weggelassen.)

Potenzfunktionen

$$\int x^n \, \mathrm{d}x = \frac{x^{n+1}}{n+1} \qquad (n \in \mathbb{Z}, \ n \neq -1, \ x \neq 0 \ \text{für} \ n < 0)$$

$$\int x^\alpha \, \mathrm{d}x = \frac{x^{\alpha+1}}{\alpha+1} \qquad (\alpha \in \mathbb{R}, \ \alpha \neq -1, \ x > 0)$$

$$\int \frac{1}{x} \, \mathrm{d}x = \ln|x| \qquad (x \neq 0)$$

Exponential- und Logarithmusfunktionen

$$\int a^x \, \mathrm{d}x = \frac{a^x}{\ln a} \qquad\qquad\qquad (a \in \mathbb{R}, a > 0, a \neq 1)$$

$$\int \mathrm{e}^x \, \mathrm{d}x = \mathrm{e}^x$$

$$\int \ln x \, \mathrm{d}x = x \ln x - x \qquad\qquad (x > 0)$$

$$\int \mathrm{e}^{ax} \, \mathrm{d}x = \frac{1}{a} \cdot \mathrm{e}^{ax}$$

$$\int \ln ax \, \mathrm{d}x = x \ln ax - x$$

Winkelfunktionen (trigonometrische Funktionen)

$$\int \sin x \, \mathrm{d}x = -\cos x$$

$$\int \cos x \, \mathrm{d}x = \sin x$$

$$\int \tan x \, \mathrm{d}x = -\ln|\cos x| \qquad\qquad \left(x \neq (2k+1)\frac{\pi}{2}\right)$$

$$\int \cot x \, \mathrm{d}x = \ln|\sin x| \qquad\qquad (x \neq k\pi)$$

Uneigentliche Integrale

Unbeschränkter Integrand

Die Funktion f habe an der Stelle $x = b$ eine Polstelle und sei beschränkt und integrierbar über jedem Intervall $[a, b - \varepsilon]$ mit $0 < \varepsilon < b - a$. Wenn das Integral von f über $[a, b - \varepsilon]$ für $\varepsilon \to 0$ einen Grenzwert besitzt, wird dieser *uneigentliches Integral* von f über $[a, b]$ genannt (analog, wenn $x = a$ eine Polstelle ist):

$$\int\limits_a^b f(x)\,\mathrm{d}x = \lim_{\varepsilon \to +0} \int\limits_a^{b-\varepsilon} f(x)\,\mathrm{d}x \qquad \text{bzw.} \qquad \int\limits_a^b f(x)\,\mathrm{d}x = \lim_{\varepsilon \to +0} \int\limits_{a+\varepsilon}^b f(x)\,\mathrm{d}x$$

★ Ist $x = c$ eine Polstelle im Inneren von $[a, b]$, so ist das uneigentliche Integral von f über $[a, b]$ die Summe der uneigentlichen Integrale von f über $[a, c]$ und $[c, b]$.

Unbeschränktes Intervall

★ Die Funktion f sei für $x \geq a$ definiert und über jedem Intervall $[a, b]$ integrierbar. Wenn der Grenzwert des Integrals von f über $[a, b]$ für $b \to \infty$ existiert, so wird er *uneigentliches Integral* von f über $[a, \infty)$ genannt (analog für $a \to -\infty$):

$$\int\limits_a^\infty f(x)\,\mathrm{d}x = \lim_{b \to \infty} \int\limits_a^b f(x)\,\mathrm{d}x \qquad \text{bzw.} \qquad \int\limits_{-\infty}^b f(x)\,\mathrm{d}x = \lim_{a \to -\infty} \int\limits_a^b f(x)\,\mathrm{d}x$$

Numerische Berechnung bestimmter Integrale

Um das Integral $I = \int\limits_a^b f(x)\,\mathrm{d}x$ näherungsweise numerisch zu berechnen, wird das Intervall $[a, b]$ in n äquidistante Teilintervalle der Länge $\dfrac{b - a}{n}$ geteilt, wodurch sich die Punkte $a = x_0, x_1, \ldots, x_{n-1}, x_n = b$ ergeben; es gelte $y_i = f(x_i)$.

Ausgewählte Formeln zur Berechnung von Integralen

Trapez-Formel:

$$I \approx \frac{b-a}{2n} \cdot [f(a) + f(b) + 2\,(f(x_1) + f(x_2) + \ldots + f(x_{n-1}))]$$

Speziell für kleine Intervalle ($n = 1$):

$$I \approx \frac{b-a}{2} \cdot [f(a) + f(b)]$$

Tangenten-Trapez-Formel (n gerade):

$$I \approx 2 \cdot \frac{b-a}{n} \cdot [f(x_1) + f(x_3) + \ldots + f(x_{n-1})]$$

Ökonomische Anwendungen der Integralrechnung

Gesamtgewinn

$$G(x) = \int_0^x [\, e(\xi) - k(\xi) \,]\,\mathrm{d}\xi$$

$k(x)$ – Grenzkosten für x ME
$e(x)$ – Grenzerlös für x ME

Konsumentenrente (für den Gleichgewichtspunkt (x_0, p_0))

$$K_R(x_0) = E^* - E_0 = \int_0^{x_0} p_N(x)\,\mathrm{d}x - x_0 \cdot p_0$$

$p_N : x \to p(x)$ – monoton fallende Nachfragefunktion, $p_0 = p_N(x_0)$,
$E_0 = x_0 \cdot p_0$ – tatsächlicher Gesamterlös,
$E^* = \displaystyle\int_0^{x_0} p_N(x)\,\mathrm{d}x$ – theoretisch möglicher Gesamterlös

★ Die Konsumentenrente ist die Differenz aus theoretisch möglichem und tatsächlichem Gesamterlös; sie ist (aus Verbrauchersicht) ein Maß für die Vorteilhaftigkeit eines Kaufs (erst) im Gleichgewichtspunkt.

Produzentenrente (für den Gleichgewichtspunkt (x_0, p_0))

$$P_R(x_0) = E_0 - E^* = x_0 \cdot p_0 - \int_0^{x_0} p_A(x)\, \mathrm{d}x$$

$p_A : x \to p_A(x)$ – monoton wachsende Angebotsfunktion,

$p_N : x \to p_N(x)$ – monoton fallende Nachfragefunktion,

$p_A(x_0) = p_N(x_0) =: p_0$ definiert den Marktgleichgewichtspunkt,

E_0, E^* – tatsächlicher bzw. theoretisch möglicher Gesamterlös (Umsatz)

★ Die Produzentenrente ist die Differenz aus tatsächlichem und theoretisch möglichem Gesamterlös; sie ist (aus Produzentensicht) ein Maß für die Vorteilhaftigkeit eines Verkaufs (erst) im Gleichgewichtspunkt.

Stetiger Zahlungsstrom

$K(t)$ – zeitabhängige Zahlungsgröße,

$R(t) = K'(t)$ – zeitabhängiger Zahlungsstrom (Intensität),

α – stetiger Zinssatz (Zinsintensität)

$K_{[t_1, t_2]} = \displaystyle\int_{t_1}^{t_2} R(t)\, \mathrm{d}t$	Zahlungsvolumen im Intervall $[t_1, t_2]$
$K_{[t_1, t_2]}(t_0) = \displaystyle\int_{t_1}^{t_2} \mathrm{e}^{-\alpha(t - t_0)} R(t)\, \mathrm{d}t$	Barwert für $t_0 < t_1$
$K_{[t_1, t_2]}(t_0) = \dfrac{R}{\alpha} \cdot \mathrm{e}^{\alpha t_0} \left(\mathrm{e}^{-\alpha t_1} - \mathrm{e}^{-\alpha t_2} \right)$	Barwert für $R(t) \equiv R = \mathrm{const}$
$K_{t_1}(t_0) = \displaystyle\int_{t_1}^{\infty} \mathrm{e}^{-\alpha(t - t_0)} R(t)\, \mathrm{d}t$	Barwert eines zeitlich nicht begrenzten Zahlungsstroms $R(t)$ („ewige Rente")
$K_{t_1}(t_0) = \dfrac{R}{\alpha} \cdot \mathrm{e}^{-\alpha(t_1 - t_0)}$	Barwert eines zeitlich nicht begrenzten konstanten Zahlungsstroms $R(t) \equiv R$

Wachstumsprozesse

Ein ökonomische Kenngröße $y = f(t) > 0$ werde durch die folgenden Eigenschaften beschrieben, wobei der Anfangswert $f(0) = y_0$ gegeben sei:

★ das absolute Wachstum im Zeitintervall $[0, t]$ ist proportional zur Länge des Intervalls und dem Anfangswert:

$$\Longrightarrow \quad \boxed{y = f(t) = \frac{c}{2} \cdot t^2 + y_0} \qquad (c - \text{Proportionalitätsfaktor})$$

★ die *Wachstumsrate* $\dfrac{f'(t)}{f(t)}$ ist konstant, d. h. $\frac{f'(t)}{f(t)} = \gamma$:

$$\Longrightarrow \quad \boxed{y = f(t) = y_0 \cdot e^{\gamma t}} \qquad (\gamma - \text{Wachstumsintensität})$$

Spezialfall: Stetige Verzinsung eines Kapitals

$$\Longrightarrow \quad \boxed{K_t = K_0 \cdot e^{\delta t}} \qquad \begin{array}{l}(K_t = K(t) - \text{Kapital zum Zeitpunkt } t; \\ K_0 - \text{Startkapital}; \ \delta - \text{Zinsintensität})\end{array}$$

★ die Wachstumsrate ist gleich einer gegebenen integrierbaren Funktion $\gamma(t)$, d. h. $\dfrac{f'(t)}{f(t)} = \gamma(t)$:

$$\Longrightarrow \quad \boxed{y = f(t) = y_0 \cdot e^{\int_0^t \gamma(z)\, dz} = y_0 \cdot e^{\bar{\gamma} t}}$$

Hierbei ist $\bar{\gamma} = \dfrac{1}{t} \displaystyle\int_0^t \gamma(z)\, dz$ die *durchschnittliche Wachstumsintensität* im Intervall $[0, t]$.

Funktionen mit mehreren Variablen: Eigenschaften

Funktionen im $\mathbb{R}^n$

Eine eineindeutige Abbildung, die jedem Vektor $\boldsymbol{x} = (x_1, x_2, \ldots, x_n)^\top \in D_f \subseteq \mathbb{R}^n$ eine reelle Zahl $f(\boldsymbol{x}) = f(x_1, x_2, \ldots, x_n)$ zuordnet, wird *reelle Funktion mehrerer (reeller) Variabler* (oder *Veränderlicher*) genannt. Schreibweise: $f \colon D_f \to$ mathbbR, $D_f \subseteq \mathbb{R}^n$.

$D_f = \{\boldsymbol{x} \in \mathbb{R}^n \,\vert\, \exists\, y \in \mathbb{R} : y = f(\boldsymbol{x})\}$	–	Definitionsbereich
$W_f = \{y \in \mathbb{R} \,\vert\, \exists\, \boldsymbol{x} \in D_f : y = f(\boldsymbol{x})\}$	–	Wertebereich

Grafische Darstellung

Funktionen $y = f(x_1, x_2)$ zweier unabhängiger Variabler x_1, x_2 lassen sich in einem dreidimensionalen (x_1, x_2, y)-Koordinatensystem räumlich darstellen.

Die Menge der Punkte (x_1, x_2, y) bildet eine *Fläche*, falls die Funktion f stetig ist. Die Menge der Punkte (x_1, x_2) mit $f(x_1, x_2) = C = \text{const}$ heißt *Höhenlinie (Niveaulinie)* der Funktion f zur Höhe C. Diese Linien sind in der x_1, x_2-Ebene gelegen.

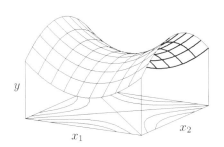

Punktmengen des Raumes $\mathbb{R}^n$

Es sei $\boldsymbol{x}$ ein Punkt des Raumes $\mathbb{R}^n$ mit $(x_1, \ldots, x_n)$ als Koordinaten. Dieser wird mit dem vom Nullpunkt zu ihm führenden Vektor $\boldsymbol{x} = (x_1, \ldots, x_n)^\top$ identifiziert; analog für $\boldsymbol{y}$.

$$\|\boldsymbol{x}\|_2 = \sqrt{\sum_{i=1}^{n} x_i^2} \quad - \quad \text{euklidische Norm des Vektors } \boldsymbol{x}; \text{ auch mit}$$
$$|x| \text{ bezeichnet } \blacktriangleright \text{ Vektoren, S. 85}$$

$$\|\boldsymbol{x}\|_1 = \sum_{i=1}^{n} |x_i| \quad - \quad \text{Betragssummennorm von } \boldsymbol{x}$$

$$\|\boldsymbol{x}\|_\infty = \max_{i=1,\dots,n} |x_i| \quad - \quad \text{Maximumnorm des Vektors } \boldsymbol{x}$$

$$\|\boldsymbol{x} - \boldsymbol{y}\| \quad - \quad \text{Abstand der Punkte } \boldsymbol{x}, \boldsymbol{y} \in \mathbb{R}^n$$

★ Für die oben eingeführten Normen gilt $\|\boldsymbol{x}\|_\infty \le \|\boldsymbol{x}\|_2 \le \|\boldsymbol{x}\|_1$; $\|\boldsymbol{x}\|$ bezeichnet eine beliebige Norm, häufig die euklidische Norm $\|\boldsymbol{x}\|_2$.

★ Die Menge $U_\varepsilon(\boldsymbol{x}) = \{\boldsymbol{y} \in \mathbb{R}^n \mid \|\boldsymbol{y} - \boldsymbol{x}\| < \varepsilon\}$ wird ε-Umgebung des Punktes $\boldsymbol{x}$ genannt, wobei $\varepsilon > 0$ vorausgesetzt wird.

★ Ein Punkt $\boldsymbol{x}$ heißt *innerer Punkt* der Menge $M \subseteq \mathbb{R}^n$, wenn es eine in M enthaltene Umgebung $U_\varepsilon(\boldsymbol{x})$ des Punktes $\boldsymbol{x}$ gibt. Die Menge aller inneren Punkte von M wird *Inneres* von M genannt und mit int M bezeichnet. Ein Punkt $\boldsymbol{x}$ heißt *Häufungspunkt* von M, wenn jede Umgebung $U_\varepsilon(\boldsymbol{x})$ Punkte aus M enthält, die von $\boldsymbol{x}$ verschieden sind.

★ Eine Menge M heißt *offen*, falls int $M = M$; sie heißt *abgeschlossen*, wenn sie jeden ihrer Häufungspunkte enthält.

★ Eine Menge $M \subseteq \mathbb{R}^n$ heißt *beschränkt*, falls es eine solche Zahl C gibt, dass $\|\boldsymbol{x}\| \le C$ für alle $\boldsymbol{x} \in M$ gilt.

Grenzwert und Stetigkeit

Punktfolgen

Eine *Punktfolge* $\{\boldsymbol{x_k}\} \subseteq \mathbb{R}^n$ ist eine Abbildung aus $\mathbb{N}$ in $\mathbb{R}^n$. Die Komponenten des Folgenelementes $\boldsymbol{x_k}$ werden mit $x_i^{(k)}$, $i = 1, \dots, n$, bezeichnet.

$$\boldsymbol{x} = \lim_{k \to \infty} \boldsymbol{x_k} \iff \lim_{k \to \infty} \|\boldsymbol{x_k} - \boldsymbol{x}\| = 0 \quad - \quad \text{Konvergenz der Folge } \{\boldsymbol{x_k}\}$$
$$\text{gegen den Grenzwert } \boldsymbol{x}$$

★ Eine Punktfolge $\{\boldsymbol{x_k}\}$ konvergiert genau dann gegen den Grenzwert $\boldsymbol{x}$, wenn jede Folge $\{x_i^{(k)}\}$, $i = 1, \dots, n$, gegen die i-te Komponente x_i von $\boldsymbol{x}$ konvergiert.

Stetigkeit

Eine Zahl $a \in \mathbb{R}$ heißt *Grenzwert* der Funktion f im Punkt $\boldsymbol{x_0}$, wenn für jede gegen $\boldsymbol{x_0}$ konvergente Punktfolge $\{\boldsymbol{x_k}\}$ mit $\boldsymbol{x_k} \neq \boldsymbol{x_0}$ und $\boldsymbol{x_k} \in D_f$ die Beziehung $\lim\limits_{k\to\infty} f(\boldsymbol{x_k}) = a$ gilt. Bezeichnung: $\lim\limits_{\boldsymbol{x}\to\boldsymbol{x_0}} f(\boldsymbol{x}) = a$.

★ Eine Funktion f heißt *stetig im Punkt* $\boldsymbol{x_0} \in D_f$, wenn sie in $\boldsymbol{x_0}$ einen Grenzwert besitzt (d. h., wenn für jede gegen $\boldsymbol{x_0}$ konvergierende Punktfolge die Folge zugehöriger Funktionswerte gegen den gleichen Wert konvergiert) und dieser mit dem Funktionswert in $\boldsymbol{x_0}$ übereinstimmt:

$$\lim_{\boldsymbol{x}\to\boldsymbol{x_0}} f(\boldsymbol{x}) = f(\boldsymbol{x_0}) \iff \lim_{k\to\infty} f(\boldsymbol{x_k}) = f(\boldsymbol{x_0}) \; \forall \{\boldsymbol{x_k}\} \quad \text{mit} \quad \boldsymbol{x_k} \to \boldsymbol{x_0}$$

★ Ist eine Funktion f stetig für alle $\boldsymbol{x} \in D_f$, so wird sie *stetig* auf D_f genannt.

★ Sind die Funktionen f und g stetig auf ihren Definitionsbereichen D_f bzw. D_g, so sind die Funktionen $f \pm g$, $f \cdot g$ und $\dfrac{f}{g}$ stetig auf $D_f \cap D_g$, letztere nur für diejenigen Werte $\boldsymbol{x}$ mit $g(\boldsymbol{x}) \neq 0$.

Homogene Funktionen

$$f(\lambda x_1, \ldots, \lambda x_n) = \lambda^\alpha \cdot f(x_1, \ldots, x_n) \quad \forall \, \lambda \geq 0$$
$$- \quad f \text{ homogen vom Grad } \alpha \geq 0$$

$$f(x_1, \ldots, \lambda x_i, \ldots, x_n) = \lambda^{\alpha_i} f(x_1, \ldots, x_n) \; \forall \, \lambda \geq 0$$
$$- \quad f \text{ partiell homogen vom Grad } \alpha_i \geq 0$$

$\alpha = 1$: linear homogen
$\alpha > 1$: überlinear homogen
$\alpha < 1$: unterlinear homogen

★ Bei linear homogenen Funktionen bewirkt die proportionale Veränderung einer bzw. aller Variablen eine proportionale Änderung des Funktionswertes.

Funktionen mit mehreren Variablen: Differenzial- und Integralrechnung

Begriff der Differenzierbarkeit

Die Funktion $f : D_f \to \mathbb{R}$, $D_f \subseteq \mathbb{R}^n$, heißt *vollständig differenzierbar im Punkt $\boldsymbol{x_0}$*, wenn es einen Vektor $\boldsymbol{g(x_0)}$ gibt, für den gilt:

$$\lim_{\Delta \boldsymbol{x} \to \boldsymbol{0}} \frac{f(\boldsymbol{x_0} + \Delta \boldsymbol{x}) - f(\boldsymbol{x_0}) - \boldsymbol{g(x_0)}^\top \Delta \boldsymbol{x}}{\|\Delta \boldsymbol{x}\|} = 0$$

★ Existiert ein solcher Vektor $\boldsymbol{g(x_0)}$, so wird er *Gradient* genannt und mit $\nabla f(\boldsymbol{x_0})$ oder grad $f(\boldsymbol{x_0})$ bezeichnet. Die Funktion f heißt *differenzierbar* auf D_f, wenn sie in allen Punkten $\boldsymbol{x} \in D_f$ differenzierbar ist.

Partielle Ableitungen

Existiert für $f : D_f \to \mathbb{R}$, $D_f \subseteq \mathbb{R}^n$, im Punkt $\boldsymbol{x_0} = (x_1^0, \ldots, x_n^0)^\top$ der Grenzwert

$$\lim_{\Delta x_i \to 0} \frac{f(x_1^0, \ldots, x_{i-1}^0, x_i^0 + \Delta x_i, x_{i+1}^0, \ldots, x_n^0) - f(x_1^0, \ldots, x_n^0)}{\Delta x_i},$$

so heißt er *partielle Ableitung (erster Ordnung)* der Funktion f nach der Variablen x_i im Punkt $\boldsymbol{x_0}$ und wird mit $\left.\dfrac{\partial f}{\partial x_i}\right|_{\boldsymbol{x}=\boldsymbol{x_0}}$, $\dfrac{\partial y}{\partial x_i}$, $f_{x_i}(\boldsymbol{x_0})$ oder $\partial_{x_i} f$ bezeichnet.

★ Bei der Berechnung der partiellen Ableitungen werden alle Variablen, nach denen nicht abgeleitet wird, als konstant betrachtet. Dabei sind die entsprechenden Differenziationsregeln für Funktionen einer Veränderlichen (insbesondere die Regeln für die Differenziation eines konstanten Summanden und eines konstanten Faktors ▶ S. 44f.) anzuwenden.

Gradient

Ist die Funktion $f : D_f \to \mathbb{R}$, $D_f \subseteq \mathbb{R}^n$, auf D_f stetig partiell differenzierbar, so ist sie dort auch vollständig differenzierbar, wobei der Gradient der aus den partiellen Ableitungen gebildete Spaltenvektor ist:

$$\nabla f(\boldsymbol{x}) = \left(\frac{\partial f(\boldsymbol{x})}{\partial x_1}, \ldots, \frac{\partial f(\boldsymbol{x})}{\partial x_n} \right)^{\top} \quad - \quad \text{Gradient der Funktion } f \text{ im Punkt } \boldsymbol{x}$$

★ Der Gradient $\nabla f(\boldsymbol{x})$ (auch mit $\mathrm{grad} f(\boldsymbol{x})$ bezeichnet) ist die Richtung des steilsten Anstiegs von f im Punkt $\boldsymbol{x}$. Er steht senkrecht auf der Höhenlinie von f zur Höhe $f(\boldsymbol{x}_0)$, sodass (für $n = 2$) die Tangente an die Höhenlinie bzw. (für $n > 2$) die Tangential(hyper)ebene an die Menge $\{\boldsymbol{x} \mid f(\boldsymbol{x}) = f(\boldsymbol{x}_0)\}$ im Punkt $\boldsymbol{x}_0$ die Gleichung $\nabla f(\boldsymbol{x}_0)^{\top}(\boldsymbol{x} - \boldsymbol{x}_0) = 0$ besitzt.

★ In Richtung der Tangente an eine Höhenlinie (für $n = 2$) bleibt der Funktionswert in linearer Näherung konstant.

Kettenregel

Die Funktionen $u_k = g_k(x_1, \ldots, x_n)$, $k = 1, \ldots, m$, von n Veränderlichen seien an der Stelle $\boldsymbol{x} = (x_1, \ldots, x_n)^{\top}$ und die Funktion f von m Veränderlichen an der Stelle $\boldsymbol{u} = (u_1, \ldots, u_m)^{\top}$ vollständig differenzierbar. Dann ist die mittelbare Funktion

$$F(x_1, \ldots, x_n) = f(g_1(x_1, \ldots, x_n), \ldots, g_m(x_1, \ldots, x_n))$$

an der Stelle $\boldsymbol{x}$ vollständig differenzierbar, und es gelten die nachstehenden Beziehungen:

$$\frac{\partial F(\boldsymbol{x})}{\partial x_i} = \sum_{k=1}^{m} \frac{\partial f}{\partial u_k}(g(\boldsymbol{x})) \cdot \frac{\partial g_k}{\partial x_i}(\boldsymbol{x})$$

Spezialfall $m = n = 2$, d. h. $f(u, v)$ mit $u = u(x, y)$, $v = v(x, y)$:

$$\frac{\partial f}{\partial x} = \frac{\partial f}{\partial u} \cdot \frac{\partial u}{\partial x} + \frac{\partial f}{\partial v} \cdot \frac{\partial v}{\partial x} \qquad\qquad \frac{\partial f}{\partial y} = \frac{\partial f}{\partial u} \cdot \frac{\partial u}{\partial y} + \frac{\partial f}{\partial v} \cdot \frac{\partial v}{\partial y}$$

Partielle Ableitungen zweiter Ordnung

Die partiellen Ableitungen sind selbst wieder Funktionen und besitzen deshalb gegebenenfalls wiederum partielle Ableitungen:

$$\frac{\partial^2 f(\boldsymbol{x})}{\partial x_i \partial x_j} = f_{x_i x_j}(\boldsymbol{x}) = \frac{\partial}{\partial x_j} \left(\frac{\partial f(\boldsymbol{x})}{\partial x_i} \right)$$

Satz von Schwarz (über die Vertauschbarkeit der Differenziationsreihenfolge). Sind die partiellen Ableitungen $f_{x_i x_j}$ und $f_{x_j x_i}$ in einer Umgebung des Punktes $\boldsymbol{x}$ stetig, so gilt: $\boxed{f_{x_i x_j}(\boldsymbol{x}) = f_{x_j x_i}(\boldsymbol{x})}$

Hesse-Matrix (der zweimal partiell differenzierbaren Funktion f im Punkt $\boldsymbol{x}$)

$$H(\boldsymbol{x}) = \begin{pmatrix} f_{x_1 x_1}(\boldsymbol{x}) & f_{x_1 x_2}(\boldsymbol{x}) & \ldots & f_{x_1 x_n}(\boldsymbol{x}) \\ f_{x_2 x_1}(\boldsymbol{x}) & f_{x_2 x_2}(\boldsymbol{x}) & \ldots & f_{x_2 x_n}(\boldsymbol{x}) \\ \ldots\ldots\ldots\ldots\ldots\ldots\ldots\ldots\ldots\ldots\ldots\ldots \\ f_{x_n x_1}(\boldsymbol{x}) & f_{x_n x_2}(\boldsymbol{x}) & \ldots & f_{x_n x_n}(\boldsymbol{x}) \end{pmatrix}$$

★ Bei Gültigkeit der Voraussetzungen des Satzes von Schwarz ist die Hesse-Matrix symmetrisch.

Vollständiges Differenzial

Falls die Funktion $f : D_f \to \mathbb{R}$, $D_f \subseteq \mathbb{R}^n$, vollständig differenzierbar an der Stelle $\boldsymbol{x_0}$ ist (▶ S. 68), so ist die Beziehung

$$\Delta f(\boldsymbol{x_0}) = f(\boldsymbol{x_0} + \Delta \boldsymbol{x}) - f(\boldsymbol{x_0}) = \nabla f(\boldsymbol{x_0})^\top \Delta \boldsymbol{x} + \mathrm{o}(\|\Delta \boldsymbol{x}\|)$$

gültig. Hierbei gilt $\displaystyle\lim_{\Delta \boldsymbol{x} \to \boldsymbol{0}} \frac{\mathrm{o}(\|\Delta \boldsymbol{x}\|)}{\|\Delta \boldsymbol{x}\|} = 0$ und $\|\Delta \boldsymbol{x}\| = \sqrt{\sum_{i=1}^{n} (\Delta x_i)^2}$, wobei $\mathrm{o}(\cdot)$ das *Landau'sche Symbol* ist (▶ S. 43).

Das vollständige Differenzial der Funktion f im Punkt $\boldsymbol{x_0}$

$$\mathrm{d}f(\boldsymbol{x_0}) = \nabla f(\boldsymbol{x_0})^\top \Delta \boldsymbol{x} = \frac{\partial f}{\partial x_1}(\boldsymbol{x_0})\Delta x_1 + \ldots + \frac{\partial f}{\partial x_n}(\boldsymbol{x_0})\Delta x_n$$

beschreibt die hauptsächliche Änderung des Funktionswertes bei Änderung der n Komponenten x_i der unabhängigen Variablen um Δx_i, $i = 1, \ldots, n$, d. h., es gilt $\mathrm{d}f(\boldsymbol{x_0}) \approx \Delta f(\boldsymbol{x_0})$ (lineare Approximation).

Gleichung der Tangentialebene

Ist die Funktion $f : D_f \to \mathbb{R}$, $D_f \subseteq \mathbb{R}^n$, im Punkt $\boldsymbol{x_0}$ differenzierbar, so besitzt ihr Graph in $(\boldsymbol{x_0}, f(\boldsymbol{x_0}))$ eine lineare Approximation mit der Gleichung

$$
\begin{pmatrix} \nabla f(\boldsymbol{x_0}) \\ -1 \end{pmatrix}^{\top} \begin{pmatrix} \boldsymbol{x} - \boldsymbol{x_0} \\ y - f(\boldsymbol{x_0}) \end{pmatrix} = 0 \quad \text{bzw.} \quad y = f(\boldsymbol{x_0}) + \nabla f(\boldsymbol{x_0})^{\top}(\boldsymbol{x} - \boldsymbol{x_0})
$$

Für $n = 2$ spricht man von *Tangentialebene*, für $n > 2$ von *Tangentialhyperebene*.

Partielle Elastizitäten

Ist die Funktion $f : D_f \to \mathbb{R}$, $D_f \subseteq \mathbb{R}^n$, partiell differenzierbar, so beschreibt die dimensionslose Größe $\varepsilon_{f,x_i}(\boldsymbol{x})$ (*partielle Elastizität*) näherungsweise die relative Änderung des Funktionswertes in Abhängigkeit von der relativen Änderung der i-ten Komponente x_i:

$$
\varepsilon_{f,x_i}(\boldsymbol{x}) = f_{x_i}(\boldsymbol{x}) \cdot \frac{x_i}{f(\boldsymbol{x})}
$$

i-te partielle Elastizität der Funktion f im Punkt x

Eigenschaften partieller Elastizitäten

$$
\sum_{i=1}^{n} x_i \cdot \frac{\partial f(\boldsymbol{x})}{\partial x_i} = \alpha f(x_1, \dots, x_n) \quad -
$$
Euler'sche Homogenitätsrelation; f homogen vom Grad α

$$
\varepsilon_{f,x_1}(\boldsymbol{x}) + \dots + \varepsilon_{f,x_n}(\boldsymbol{x}) = \alpha \quad -
$$
Summe der partiellen Elastizitäten = Homogenitätsgrad

$$
\boldsymbol{\varepsilon}(\boldsymbol{x}) = \begin{pmatrix} \varepsilon_{f_1,x_1}(\boldsymbol{x}) \dots \varepsilon_{f_1,x_n}(\boldsymbol{x}) \\ \varepsilon_{f_2,x_1}(\boldsymbol{x}) \dots \varepsilon_{f_2,x_n}(\boldsymbol{x}) \\ \dots\dots\dots\dots\dots\dots\dots \\ \varepsilon_{f_m,x_1}(\boldsymbol{x}) \dots \varepsilon_{f_m,x_n}(\boldsymbol{x}) \end{pmatrix} \quad -
$$
Elastizitätsmatrix der Funktionen $f_1, \dots, f_m$

★ Die Größen $\varepsilon_{f_i,x_j}(\boldsymbol{x})$ heißen *direkte Elastizitäten* für $i = j$ bzw. *Kreuzelastizitäten* für $i \neq j$.

Extremwerte ohne Nebenbedingungen

Gegeben sei eine hinreichend oft differenzierbare Funktion $f : D_f \to \mathbb{R}$, $D_f \subseteq \mathbb{R}^n$. Gesucht sind lokale Extremstellen $\boldsymbol{x}_0$ von f (▶ S. 27). Dabei sei $\boldsymbol{x}_0$ ein innerer Punkt von D_f, also kein Randpunkt.

Notwendige Extremwertbedingungen

$\boldsymbol{x}_0$ lokale Extremstelle $\implies \nabla f(\boldsymbol{x}_0) = \boldsymbol{0} \iff f_{x_i}(\boldsymbol{x}_0) = 0 \,\forall\, i$

$\boldsymbol{x}_0$ lokale Minimumstelle $\implies \nabla f(\boldsymbol{x}_0) = \boldsymbol{0} \wedge H(\boldsymbol{x}_0)$ positiv semidef.

$\boldsymbol{x}_0$ lokale Maximumstelle $\implies \nabla f(\boldsymbol{x}_0) = \boldsymbol{0} \wedge H(\boldsymbol{x}_0)$ negativ semidef.

★ „Notwendig" bedeutet: Ist der Punkt $\boldsymbol{x}_0$ eine (lokale oder globale) Minimum- oder Maximumstelle, so müssen notwendigerweise die oben stehenden Bedingungen erfüllt sein.

★ Eine Maximumstelle wird auch *Hochpunkt*, eine Minimiumstelle *Tiefpunkt* genannt..

★ Punkte $\boldsymbol{x}_0$ mit der Eigenschaft $\nabla f(\boldsymbol{x}_0) = \boldsymbol{0}$ heißen *stationäre* Punkte der Funktion f.

★ Gibt es in jeder Umgebung des stationären Punktes $\boldsymbol{x}_0$ Punkte $\boldsymbol{x}$, $\boldsymbol{y}$ mit $f(\boldsymbol{x}) < f(\boldsymbol{x}_0) < f(\boldsymbol{y})$, so heißt $\boldsymbol{x}_0$ *Sattelpunkt* der Funktion f. In einem Sattelpunkt liegt kein Extremum vor.

★ Randpunkte von D_f und Nichtdifferenzierbarkeitsstellen von f müssen gesondert untersucht werden, beispielsweise durch Analyse der Funktionswerte von zu $\boldsymbol{x}_0$ benachbarten Punkten. Zum Begriff der (Semi-)Definitheit einer Matrix ▶ S. 93.

Hinreichende Extremwertbedingungen

$\nabla f(\boldsymbol{x}_0) = \boldsymbol{0} \wedge H(\boldsymbol{x}_0)$ positiv definit $\implies \boldsymbol{x}_0$ lokale Minimumstelle

$\nabla f(\boldsymbol{x}_0) = \boldsymbol{0} \wedge H(\boldsymbol{x}_0)$ negativ definit $\implies \boldsymbol{x}_0$ lokale Maximumstelle

$\nabla f(\boldsymbol{x}_0) = \boldsymbol{0} \wedge H(\boldsymbol{x}_0)$ indefinit $\implies \boldsymbol{x}_0$ Sattelpunkt

★   „Hinreichend" bedeutet: Sind die oben stehenden Bedingungen erfüllt, so stellt der Punkt x_0 eine lokale Minimum- oder Maximumstelle dar.

Spezialfall $n = 2$ (Hier gilt $f(x) = f(x_1, x_2)$.)

Es gelte $\mathcal{A} = \det H(x_0) = f_{x_1 x_1}(x_0) \cdot f_{x_2 x_2}(x_0) - [f_{x_1 x_2}(x_0)]^2$.

$\nabla f(x_0) = 0 \ \wedge \ \mathcal{A} > 0 \ \wedge \ f_{x_1 x_1}(x_0) > 0 \ \Longrightarrow \quad x_0$ ist eine lokale Minimumstelle

$\nabla f(x_0) = 0 \ \wedge \ \mathcal{A} > 0 \ \wedge \ f_{x_1 x_1}(x_0) < 0 \ \Longrightarrow \quad x_0$ ist eine lokale Maximumstelle

$\nabla f(x_0) = 0 \ \wedge \ \mathcal{A} < 0 \qquad\qquad\qquad \Longrightarrow \quad x_0$ ist ein Sattelpunkt

★   Bei $\mathcal{A} = 0$ kann keine Aussage über die Art des stationären Punktes x_0 getroffen werden.

Extremwerte unter Nebenbedingungen

Gegeben seien die ein- bzw. zweimal stetig (partiell) differenzierbaren Funktionen $f : D \to \mathbb{R}$, $g_i : D \to \mathbb{R}$, $i = 1, \ldots, m < n$, $D \subseteq \mathbb{R}^n$. Ferner sei $x = (x_1, \ldots, x_n)^\top$. Gesucht sind lokale Extremstellen der Extremwertaufgabe unter Nebenbedingungen

$$
\begin{aligned}
f(x) \ &\longrightarrow \ \max / \min \\
g_1(x) &= 0 \\
&\ \vdots \\
g_m(x) &= 0
\end{aligned}
\tag{G}
$$

★   Die Menge $G = \{x \in D \mid g_1(x) = 0, \ldots, g_m(x) = 0\}$ heißt *Menge zulässiger Punkte* des Problems (G).

★   Es gelte die folgende *Regularitätsbedingung* (R): Der Rang der Jacobi-Matrix (das ist die $(m \times n)$-Matrix der ersten partiellen Ableitungen des Funktionensystems $\{g_1, \ldots, g_m\}$) sei gleich m, wobei der Einfachheit halber gerade die ersten m Spalten linear unabhängig seien.

Eliminationsmethode

1. Löse die Nebenbedingungen $g_i(\boldsymbol{x}) = 0$, $i = 1, \ldots, m$, von (G) nach den Variablen x_i, $i = 1, \ldots, m$, auf: $x_i = \tilde{g}_i(x_{m+1}, \ldots, x_n)$.

2. Setze x_i, $i = 1, \ldots, m$, in die Funktion f ein: Man erhält $f(\boldsymbol{x}) = \tilde{f}(x_{m+1}, \ldots, x_n)$.

3. Bestimme die stationären Punkte (mit $n - m$ Komponenten) von $\tilde{f}$ und ermittle die Art der Extrema ($\blacktriangleright$ Bedingungen auf S. 72).

4. Berechne die restlichen m Komponenten x_i, $j = 1, \ldots, m$, entsprechend Punkt 1, um stationäre Punkte von (G) zu erhalten.

★ Für die Anwendbarkeit der obigen Eliminationsmethode muss eine Regularitätsbedingung ($\blacktriangleright$ S. 73) erfüllt sein.

★ Alle Aussagen bzgl. der Art der Extrema (Minimum, Maximum oder keines von beiden) für die Funktion $\tilde{f}$ gelten auch für das Problem (G).

Lagrange-Methode

1. Ordne jeder der Nebenbedingungen $g_i(\boldsymbol{x}) = 0$ einen (zunächst unbekannten) *Lagrange-Multiplikator* $\lambda_i \in \mathbb{R}$, $i = 1, \ldots, m$, zu.

2. Stelle die zu (G) gehörige *Lagrange-Funktion* auf, wobei $\boldsymbol{\lambda} = (\lambda_1, \ldots, \lambda_m)^\top$ gilt:

$$L(\boldsymbol{x}, \boldsymbol{\lambda}) = f(\boldsymbol{x}) + \sum_{i=1}^{m} \lambda_i g_i(\boldsymbol{x}).$$

3. Berechne die stationären Punkte $(\boldsymbol{x}_0, \boldsymbol{\lambda}_0)$ der Funktion $L(\boldsymbol{x}, \boldsymbol{\lambda})$ bezüglich der Veränderlichen $\boldsymbol{x}$ und $\boldsymbol{\lambda}$ aus dem (im Allgemeinen nichtlinearen) Gleichungssystem

$$L_{x_i}(\boldsymbol{x}, \boldsymbol{\lambda}) = 0, \; i = 1, \ldots, n; \qquad L_{\lambda_i}(\boldsymbol{x}, \boldsymbol{\lambda}) = g_i(\boldsymbol{x}) = 0, \; i = 1, \ldots, m$$

Die Punkte $\boldsymbol{x}_0$ sind dann stationär für (G), sofern die Regularitätsbedingung (R) von S. 73 gültig ist.

Extremwerte unter Nebenbedingungen   75

---

4. Ist die $(n \times n)$-Matrix $\nabla^2_{\boldsymbol{xx}} L(\boldsymbol{x_0}, \boldsymbol{\lambda_0})$ (x-Anteil der Hesse-Matrix von L) positiv definit über der Menge $T = \{\boldsymbol{z} \in \mathbb{R}^n \mid \nabla g_i(\boldsymbol{x_0})^\top \boldsymbol{z} = 0,\ i = 1, \ldots, m\}$, d. h.

$$\boldsymbol{z}^\top \nabla^2_{\boldsymbol{xx}} L(\boldsymbol{x_0}, \boldsymbol{\lambda_0}) \boldsymbol{z} > 0 \quad \forall\, \boldsymbol{z} \in T,\ \boldsymbol{z} \neq \boldsymbol{0},$$

bzw. sogar positiv definit über dem gesamten Raum $\mathbb{R}^n$, so stellt $\boldsymbol{x_0}$ eine lokale Minimumstelle für (G) dar. Bei negativer Definitheit von $\nabla^2_{\boldsymbol{xx}} L(\boldsymbol{x_0}, \boldsymbol{\lambda_0})$ ist $\boldsymbol{x_0}$ eine lokale Maximumstelle.

★ Die Größen x_i, $i = 1, \ldots, n$ und λ_i, $i = 1, \ldots, m$ werden im Laufe der Rechnung gleichzeitig bestimmt.

Ökonomische Interpretation der Lagrange-Multiplikatoren

Die Extremstelle $\boldsymbol{x_0}$ der Aufgabe $f(\boldsymbol{x}) \to \max / \min$ sei für $\boldsymbol{b} = \boldsymbol{b}^0$ eindeutig. Nun wird die modifizierte Aufgabe

$$\boxed{\begin{array}{l} f(\boldsymbol{x}) \to \max / \min; \\ g_i(\boldsymbol{x}) - b_i = 0, \quad i = 1, \ldots, m \end{array}} \qquad (\text{G}_{\boldsymbol{b}})$$

betrachtet. Dazu gehört die Lagrange-Funktion

$$L(\boldsymbol{x}, \boldsymbol{\lambda}) = f(\boldsymbol{x}) + \sum_{i=1}^m \lambda_i (g_i(\boldsymbol{x}) - b_i).$$

Die Größe $\boldsymbol{\lambda_0} = (\lambda_1^0, \ldots, \lambda_m^0)^\top$ sei der zu $\boldsymbol{x_0}$ gehörige Vektor der Lagrange-Multiplikatoren. Ferner sei die Regularitätsbedingung (R) von S. 73 erfüllt. Mit $f^*(\boldsymbol{b})$ wird der Extremwert der Aufgabe $(\text{G}_{\boldsymbol{b}})$ in Abhängigkeit vom Vektor der rechten Seite $\boldsymbol{b} = (b_1, \ldots, b_m)^\top$ bezeichnet. Dann gelten für $i = 1, \ldots, m$ die Beziehungen $\boxed{\dfrac{\partial f^*}{\partial b_i}(\boldsymbol{b^0}) = -\lambda_i^0}$

Dies bedeutet: $-\lambda_i^0$ beschreibt den (näherungsweisen) Einfluss der i-ten Komponente der rechten Seite auf die Veränderung des optimalen Wertes der Aufgabe $(\text{G}_{\boldsymbol{b}})$ und es gilt $\Delta f^* \approx \mathrm{d}f^* = -\lambda_i^0 \cdot \Delta b_i$, wenn sich b_i^0 um Δb_i ändert. In diesem Zusammenhang nennt man die Lagrange-Multiplikatoren λ_i *Schattenpreise*.

Methode der kleinsten Quadratsumme

Gegeben: Wertepaare (x_i, y_i), $i = 1, \ldots, N$ (x_i – Messpunkte oder Zeitpunkte, y_i – Messwerte).

Gesucht: Funktion $y = f(x, \boldsymbol{a})$ (*Trendfunktion, Ansatzfunktion*), die die Messwerte möglichst gut beschreibt, wobei der Vektor $\boldsymbol{a} = (a_1, \ldots, a_M)$ die in optimaler Weise zu bestimmenden M Parameter der Ansatzfunktion enthält.

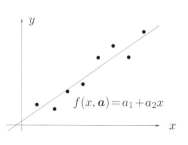

★ Die Größe $[z_i] = \sum\limits_{i=1}^{N} z_i$ wird als *Gauß'sche Klammer* bezeichnet.

$$S = \sum_{i=1}^{N} \left(f(x_i, \boldsymbol{a}) - y_i \right)^2 \longrightarrow \min \quad - \quad \text{zu minimierende Summe der Fehlerquadrate}$$

$$\sum_{i=1}^{N} \left(f(x_i, \boldsymbol{a}) - y_i \right) \cdot \frac{\partial f(x_i, \boldsymbol{a})}{\partial a_j} = 0 \quad - \quad \text{notwendige Minimumbedingungen, } j = 1, 2, \ldots, M$$

★ Die Minimumbedingungen (*Normalgleichungen*) entstehen aus den Beziehungen $\dfrac{\partial S}{\partial a_j} = 0$ und sind von der konkreten Form der Ansatzfunktion f abhängig. Sie sind unmittelbar übertragbar auf Ansatzfunktionen der Art $f(\boldsymbol{x}, \boldsymbol{a})$ mit $\boldsymbol{x} = (x_1, \ldots, x_n)^\top$.

Typen von Ansatzfunktionen (Auswahl)

$$f(x, \boldsymbol{a}) = a_1 + a_2 x \quad - \quad \text{linearer Ansatz}$$

$$f(x, \boldsymbol{a}) = a_1 + a_2 x + a_3 x^2 \quad - \quad \text{quadratischer Ansatz}$$

$$f(x, \boldsymbol{a}) = \sum_{j=1}^{M} a_j \cdot g_j(x) \quad - \quad \text{verallgemeinert linearer Ansatz}$$

★ In den genannten Fällen ergibt sich ein **lineares Normalgleichungssystem**:

linearer Ansatz	quadratischer Ansatz

$$a_1 \cdot N \quad + a_2 \cdot [x_i] + a_3 \cdot [x_i^2] = [y_i]$$

$$a_1 \cdot N \quad + a_2 \cdot [x_i] = [y_i]$$
$$a_1 \cdot [x_i] + a_2 \cdot [x_i^2] + a_3 \cdot [x_i^3] = [x_i y_i]$$

$$a_1 \cdot [x_i] + a_2 \cdot [x_i^2] = [x_i y_i]$$
$$a_1 \cdot [x_i^2] + a_2 \cdot [x_i^3] + a_3 \cdot [x_i^4] = [x_i^2 y_i]$$

Explizite Lösung bei linearer Ansatzfunktion

$$a_1 = \frac{[x_i^2] \cdot [y_i] - [x_i y_i] \cdot [x_i]}{N \cdot [x_i^2] - [x_i]^2} \,, \qquad a_2 = \frac{N \cdot [x_i y_i] - [x_i] \cdot [y_i]}{N \cdot [x_i^2] - [x_i]^2}$$

Vereinfachungen

★ Mithilfe der Transformation $x_i' = x_i - \dfrac{1}{N} \sum\limits_{i=1}^{n} x_i$ vereinfacht sich das Normalgleichungssystem, da dann $\sum\limits_{i=1}^{n} x_i' = 0$ gilt. Diese Transformation ist insbesondere dann einfach realisierbar, wenn die Anzahl der x-Werte ungerade ist und diese äquidistant (d. h. in gleichen Abständen) angeordnet sind.

★ Für den **exponentiellen Ansatz** $y = f(x) = a_1 \cdot e^{a_2 x}$ führt unter der Voraussetzung $f(x) > 0$ die Transformation $T(y) = \ln y$ auf ein lineares Normalgleichungssystem.

★ Für die **logistische Funktion** $f(x) = a \cdot (1 + b e^{-cx})^{-1}$ $(a, b, c > 0)$ mit bekanntem Parameter a führt die Transformation $\dfrac{a}{y} = b e^{-cx} \implies$

$Y = \ln \dfrac{a - y}{y} = \ln b - cx$ auf ein lineares Normalgleichungssystem, wenn man $a_1 = \ln b$, $a_2 = -c$ setzt. Dessen Lösung ist allerdings i. Allg. nicht optimal.

Ökonomische Anwendungen der Differenzialrechnung

Cobb-Douglas-Produktionsfunktion

$$y = f(\boldsymbol{x}) = c \cdot x_1^{a_1} x_2^{a_2} \cdot \ldots \cdot x_n^{a_n}$$
$$(c, a_i, x_i \geq 0)$$

x_i – Einsatzmenge des i-ten Inputfaktors

y – Outputmenge

★ Die Cobb-Douglas-Funktion ist ▶ homogen; ihr Homogenitätsgrad beträgt $r = a_1 + \ldots + a_n$.

★ Aufgrund der Beziehung $f_{x_i}(\boldsymbol{x}) = \dfrac{a_i}{x_i} \cdot f(\boldsymbol{x})$, d. h. $\varepsilon_{f,x_i}(\boldsymbol{x}) = a_i$, werden die Faktorexponenten a_i auch als *(partielle) Produktionselastizitäten* bezeichnet.

Grenzrate der Substitution

Betrachtet man für eine Produktionsfunktion $y = f(x_1, \ldots, x_n)$ zu einer vorgegebenen Höhe y_0 die ▶ Höhenlinie (*Isoquante*; siehe S. 105) und fragt, um wie viele Einheiten x_k (näherungsweise) geändert werden muss, um bei gleichem Produktionsoutput und unveränderten Werten der übrigen Variablen eine Einheit des i-ten Einsatzfaktors zu substituieren, so wird unter bestimmten Regularitätsvoraussetzungen (siehe S. 73) eine ▶ implizite Funktion $x_k = \varphi(x_i)$ (siehe S. 44) definiert, deren Ableitung als *Grenzrate der Substitution* bezeichnet wird:

$$\varphi'(x_i) = -\frac{f_{x_i}(\boldsymbol{x})}{f_{x_k}(\boldsymbol{x})}$$

Grenzrate der Substitution des Faktors i durch den Faktor k

★ Interpretation: Wird der Faktor i um eine Einheit Δx_i verändert, so muss sich der Faktor k um (näherungsweise) $\varphi'(x_{i0})$ ändern, damit der Output konstant bleibt (exakter: ändert sich der Wert x_{i0} um eine (kleine) Größe Δx_i, so muss sich x_k um näherungsweise $\varphi'(x_{i0}) \cdot \Delta x_i$ ändern).

Doppelintegrale

$I = \iint\limits_{B} f(x,y)\,\mathrm{d}b$ beschreibt
das Volumen des „Zylinders"
(der Säule) über dem Bereich
$B = \{(x,y)\,|\,a \leq x \leq b,$
$y_1(x) \leq y \leq y_2(x)\}$ der (x,y)-
Ebene unter der Fläche $z =$
$f(x,y)$, wobei $\mathrm{d}b$ das Flächen-
element bezeichnet.

Voraussetzung: $f(x,y) \geq 0$

In der Abbildung gilt für B
speziell: $y_1(x) \equiv c$, $y_2(x) \equiv d$.

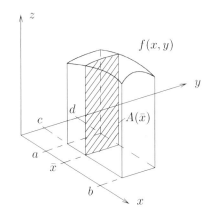

★   Die oben dargestellte Säule besitzt ein Rechteck als Grundfläche,
unterscheidet sich aber von einem Quader dadurch, dass die „Decke"
im Allgemeinen gekrümmt ist. Je kleiner die Grundfläche gewählt wird,
umso mehr nähert sich die Säule einem Quader an (dessen Volumen
man leicht berechnen kann).

Berechnung über iterierte Integration

$$I = \int\limits_{a}^{b} \left[\int\limits_{y_1(x)}^{y_2(x)} f(x,y)\,\mathrm{d}y \right] \mathrm{d}x$$

Bzgl. des Bereichs $B_1 = \{(x,y)\,|\,x_1(y) \leq x \leq x_2(y), c \leq y \leq d\}$ kann I
analog berechnet werden; in diesem Fall ändert sich die Integrati-
onsreihenfolge.

Ist speziell $B = \{(x,y)\,|\,a \leq x \leq b, c \leq y \leq d\}$ ein Rechteck, so gilt:

$$I = \int\limits_{a}^{b} \int\limits_{c}^{d} f(x,y)\,\mathrm{d}y\,\mathrm{d}x = \int\limits_{c}^{d} \int\limits_{a}^{b} f(x,y)\,\mathrm{d}x\,\mathrm{d}y$$

Differenzialgleichungen erster Ordnung

Allgemeine gewöhnliche Differenzialgleichung n-ter Ordnung

$F(x, y, y', \ldots, y^{(n)}) = 0$ –   implizite bzw. explizite Form einer Differenzialgleichung

$y^{(n)} = f(x, y, y', \ldots, y^{(n-1)})$

★   Jede n-mal stetig differenzierbare Funktion $y(x)$, die die Differenzialgleichung für alle x, $a \leq x \leq b$, erfüllt, heißt *spezielle Lösung* der Differenzialgleichung im Intervall $[a, b]$. Die Gesamtheit aller Lösungen einer Differenzialgleichung oder eines Systems von Differenzialgleichungen wird als *allgemeine Lösung* bezeichnet.

★   Werden an der Stelle $x = a$ zusätzliche Bedingungen an die Lösung gestellt, so spricht man von einer *Anfangswertaufgabe*. Sind zusätzliche Bedingungen an den Stellen a und b einzuhalten, liegt eine *Randwertaufgabe* vor.

Differenzialgleichungen erster Ordnung

$y' = f(x, y)$ oder $P(x, y) + Q(x, y)y' = 0$

            oder $P(x, y)\,\mathrm{d}x + Q(x, y)\,\mathrm{d}y = 0$

★   Ordnet man jedem Punkt der x, y-Ebene die durch $f(x, y)$ gegebene Tangentenrichtung der Lösungskurven zu, so entsteht das sogenannte *Richtungsfeld*. Die Kurven gleicher Richtungen des Richtungsfeldes sind die *Isoklinen*.

Separierbare Differenzialgleichungen

Besitzt eine Differenzialgleichung die Form

$y' = r(x)s(y)$ bzw. $P(x) + Q(y)y' = 0$

            bzw. $P(x)\,\mathrm{d}x + Q(y)\,\mathrm{d}y = 0,$

so kann sie stets mittels *Trennung der Veränderlichen* (d. h. Ersetzen von y' durch $\dfrac{dy}{dx}$ und Umordnen) in die Form $\boxed{R(x)\,dx = S(y)\,dy}$ gebracht werden.

Durch „formales Integrieren" erhält man daraus die allgemeine Lösung:

$$\int R(x)dx = \int S(y)dy \quad \Longrightarrow \quad \varphi(x) = \psi(y) + C$$

Lineare Differenzialgleichungen erster Ordnung

$$\boxed{y' + a(x)y = r(x)}$$

$r(x) \not\equiv 0$: inhomogene Differenzialgleichung
$r(x) \equiv 0$: homogene Differenzialgleichung

★ Die allgemeine Lösung ist die Summe aus der allgemeinen Lösung y_h der zugehörigen homogenen Differenzialgleichung und einer speziellen Lösung y_s der inhomogenen Differenzialgleichung:

$$\boxed{y(x) = y_h(x) + y_s(x)}$$

Allgemeine Lösung der homogenen Differenzialgleichung

Die allgemeine Lösung $y_h(x)$ von $y' + a(x)y = 0$ wird durch Trennung der Veränderlichen ermittelt. Das Ergebnis lautet

$$\boxed{y_h(x) = C \cdot e^{-\int a(x)\,dx}, \qquad C = \text{const}}$$

Spezielle Lösung der inhomogenen Differenzialgleichung

Eine spezielle Lösung $y_s(x)$ von $y' + a(x)y = r(x)$ erhält man durch den Ansatz $y_s(x) = C(x) \cdot e^{-\int a(x)\,dx}$ (*Variation der Konstanten*). Für die Ansatzfunktion $C(x)$ ergibt sich

$$\boxed{C(x) = \int r(x) \cdot e^{\int a(x)\,dx}\,dx}$$

Kombinatorik

Permutationen

★ Gegeben seien n verschiedene Elemente. Irgendeine Anordnung aller Elemente nennt man *Permutation*. Sind unter den n Elementen p Gruppen gleicher Elemente, spricht man von *Permutation mit Wiederholung*. Die Anzahl der Elemente in der i-ten Gruppe betrage n_i, wobei gelte $n_1 + n_2 + \ldots + n_p = n$.

	ohne Wiederholung	mit Wiederholung
Anzahl verschiedener Permutationen	$P_n = n!$	$\overline{P}_{n_1,\ldots,n_p} = \dfrac{n!}{n_1! \cdot n_2! \cdot \ldots \cdot n_p!}$ $n_1 + n_2 + \ldots + n_p = n$

Permutationen der Elemente a, b, c, d $(n = 4)$: $\qquad\qquad 4! = 24$

a b c d	b a c d	c a b d	d a b c
a b d c	b a d c	c a d b	d a c b
a c b d	b c a d	c b a d	d b a c
a c d b	b c d a	c b d a	d b c a
a d b c	b d a c	c d a b	d c a b
a d c b	b d c a	c d b a	d c b a

Permutationen von a, b, c mit Wiederholung $(n = 4$; $n_1 = 1,\ n_2 = 2,\ n_3 = 1)$:
$$\frac{4!}{1! \cdot 2! \cdot 1!} = 12$$

a b b c	b a b c	b b c a	c a b b
a b c b	b a c b	b c a b	c b a b
a c b b	b b a c	b c b a	c b b a

Variationen

★ Gegeben seien n verschiedene Elemente und k Plätze. Irgendeine Anordnung der Elemente auf den Plätzen nennt man *Variation ohne Wiederholung*. Dies entspricht der Auswahl von k aus n Elementen **mit Berücksichtigung der Anordnung**. Dabei soll für k gelten: $1 \leq k \leq n$.

Tritt bei der Anordnung jedes der n Elemente in beliebiger Anzahl auf, sodass es mehrfach ausgewählt werden kann, spricht man von *Variation mit Wiederholung*.

	ohne Wiederholung	mit Wiederholung
Anzahl verschiedener Variationen	$V_n^k = \dfrac{n!}{(n-k)!}$ $1 \leq k \leq n$	$\overline{V}_n^k = n^k$

Anordnung der Elemente a, b, c, d auf zwei Plätzen ($n = 4$, $k = 2$):

a b		b a		c a		d a	
a c		b c		c b		d b	$\dfrac{4!}{2!} = 12$
a d		b d		c d		d c	

Anordnung der Elemente a, b, c, d auf zwei Plätzen mit Wiederholung ($n = 4$, $k = 2$):

a a		b a		c a		d a	
a b		b b		c b		d b	
a c		b c		c c		d c	$4^2 = 16$
a d		b d		c d		d d	

Kombinationen

★ Werden aus n verschiedenen Elementen k Stück ausgewählt, wobei $1 \leq k \leq n$ gilt und es **nicht auf die Berücksichtigung der Anordnung** ankommt, spricht man von einer *Kombination ohne Wiederholung*.

Steht jedes der n verschiedenen Elemente mehrfach zur Verfügung, liegt eine *Kombination mit Wiederholung* vor.

	ohne Wiederholung	mit Wiederholung
Anzahl verschiedener Kombinationen	$C_n^k = \begin{pmatrix} n \\ k \end{pmatrix}$ $1 \leq k \leq n$	$\overline{C}_n^k = \begin{pmatrix} n+k-1 \\ k \end{pmatrix}$

Kombinationen von a, b, c, d auf zwei Plätzen ($n = 4$, $k = 2$):

a b   b c   c d

a c   b d $\begin{pmatrix} 4 \\ 2 \end{pmatrix} = 6$

a d

Kombinationen von a, b, c, d auf zwei Plätzen mit Wiederholung ($n = 4$, $k = 2$):

a a   b b   c c   d d

a b   b c   c d

a c   b d $\begin{pmatrix} 4+2-1 \\ 2 \end{pmatrix} = 10$

a d

Lineare Algebra

Vektoren

$$\boldsymbol{a} = \begin{pmatrix} a_1 \\ \vdots \\ a_n \end{pmatrix} \qquad \begin{array}{l} n\text{-dimensionaler Vektor} \\ \text{mit Komponenten } a_i \end{array}$$

$$\boldsymbol{e_1} = \begin{pmatrix} 1 \\ 0 \\ \vdots \\ 0 \end{pmatrix}, \boldsymbol{e_2} = \begin{pmatrix} 0 \\ 1 \\ \vdots \\ 0 \end{pmatrix}, \dots, \boldsymbol{e_n} = \begin{pmatrix} 0 \\ \vdots \\ 0 \\ 1 \end{pmatrix} \qquad \text{Einheitsvektoren}$$

★ Der Raum $\mathbb{R}^n$ ist der Raum der n-dimensionalen Vektoren; speziell bezeichnen $\mathbb{R}^1$ die Zahlengerade, $\mathbb{R}^2$ die Ebene und $\mathbb{R}^3$ den dreidimensionalen Raum.

★ Vektoren werden in der Regel fett gedruckt. Man kann sie sowohl als spezielle Matrizen (▶ S. 90) auffassen, sie können aber auch für $n = 1, 2, 3$ als Pfeile (auf der Geraden, in der Ebene oder im Raum) betrachtet werden, die eine bestimmte Länge und Richtung aufweisen. Im letzteren Fall wird anstelle von $\boldsymbol{x}$ oftmals auch $\vec{\boldsymbol{x}}$ geschrieben.

★ Ist nichts anderes gesagt, versteht man unter Vektoren i. Allg. Spaltenvektoren.

Rechenregeln

$$\lambda\boldsymbol{a} = \lambda \begin{pmatrix} a_1 \\ \vdots \\ a_n \end{pmatrix} = \begin{pmatrix} \lambda a_1 \\ \vdots \\ \lambda a_n \end{pmatrix} \qquad \begin{array}{l} \text{Multiplikation} \\ \text{mit reeller} \\ \text{Zahl } \lambda \end{array}$$

$$\boldsymbol{a} \pm \boldsymbol{b} = \begin{pmatrix} a_1 \\ \vdots \\ a_n \end{pmatrix} \pm \begin{pmatrix} b_1 \\ \vdots \\ b_n \end{pmatrix} = \begin{pmatrix} a_1 \pm b_1 \\ \vdots \\ a_n \pm b_n \end{pmatrix} \qquad \begin{array}{l} \text{Addition,} \\ \text{Subtraktion} \end{array}$$

$$\boldsymbol{a} \cdot \boldsymbol{b} = \begin{pmatrix} a_1 \\ \vdots \\ a_n \end{pmatrix} \cdot \begin{pmatrix} b_1 \\ \vdots \\ b_n \end{pmatrix} = \sum_{i=1}^{n} a_i b_i \qquad \text{Skalarprodukt}$$

$\boldsymbol{a} \cdot \boldsymbol{b} = \boldsymbol{a}^\top \boldsymbol{b}$ mit $\boldsymbol{a}^\top = (a_1, \ldots, a_n)$ andere Schreibweise für Skalarprodukt; $\boldsymbol{a}^\top$ ist der zu $\boldsymbol{a}$ *transponierte* Vektor

$\boldsymbol{a} \times \boldsymbol{b} = (a_2 b_3 - a_3 b_2)\boldsymbol{e_1}$ Vektorprodukt für $\boldsymbol{a}, \boldsymbol{b} \in \mathbb{R}^3$
$+(a_3 b_1 - a_1 b_3)\boldsymbol{e_2} + (a_1 b_2 - a_2 b_1)\boldsymbol{e_3}$

$|\boldsymbol{a}| = \sqrt{\boldsymbol{a}^\top \boldsymbol{a}} = \sqrt{\sum_{i=1}^{n} a_i^2}$ Betrag des Vektors $\boldsymbol{a}$

★ Für jeden Vektor $\boldsymbol{a} = (a_1, \ldots, a_n)^\top \in \mathbb{R}^n$ gilt $\boldsymbol{a} = a_1 \boldsymbol{e_1} + \ldots + a_n \boldsymbol{e_n}$. Dabei beschreibt $|\boldsymbol{a}|$ die Länge des Vektors $\boldsymbol{a}$.

Eigenschaften von Skalarprodukt und Betrag

$\boldsymbol{a}^\top \boldsymbol{b} = \boldsymbol{b}^\top \boldsymbol{a}$	$\boldsymbol{a}^\top (\lambda \boldsymbol{b}) = \lambda \boldsymbol{a}^\top \boldsymbol{b}, \quad \lambda \in \mathbb{R}$
$\boldsymbol{a}^\top (\boldsymbol{b} + \boldsymbol{c}) = \boldsymbol{a}^\top \boldsymbol{b} + \boldsymbol{a}^\top \boldsymbol{c}$	$|\lambda \boldsymbol{a}| = |\lambda| \cdot |\boldsymbol{a}|$
$\boldsymbol{a}^\top \boldsymbol{b} = |\boldsymbol{a}| \cdot |\boldsymbol{b}| \cdot \cos \varphi \quad (\boldsymbol{a}, \boldsymbol{b} \in \mathbb{R}^2, \mathbb{R}^3;$ s. Abb.)	
$|\boldsymbol{a} + \boldsymbol{b}| \leq |\boldsymbol{a}| + |\boldsymbol{b}|$	Dreiecksungleichung
$|\boldsymbol{a}^\top \boldsymbol{b}| \leq |\boldsymbol{a}| \cdot |\boldsymbol{b}|$	Cauchy-Schwarz'sche Ungleichung

★ Nach der Dreiecksungleichung ist im Dreieck die Summe der Längen zweier Seiten stets mindestens so groß wie die Länge der dritten Seite („der direkte Weg ist stets kürzer als ein Umweg"). Das Gleichheitszeichen gilt dabei nur, wenn zwei der Seiten des Dreiecks Teilstrecken der dritten sind, das Dreieck somit nur aus einer Strecke besteht (entarteter Fall).

Linearkombination von Vektoren

Stellt der Vektor $x \in \mathbb{R}^n$ die Summe der mit den Koeffizienten $\lambda_1, \ldots,$ $\lambda_m \in \mathbb{R}$ versehenen Vektoren $x_1, \ldots, x_m \in \mathbb{R}^n$ dar, d. h. gilt

$$\boxed{x = \lambda_1 x_1 + \ldots + \lambda_m x_m,} \qquad (*)$$

so wird x *Linearkombination* der Vektoren $x_1, \ldots, x_m$ genannt.

★ Ausführliche Schreibweise:

$$\begin{pmatrix} x_1 \\ x_2 \\ \vdots \\ x_n \end{pmatrix} = \begin{pmatrix} x_1^{(1)} \\ x_2^{(1)} \\ \vdots \\ x_n^{(1)} \end{pmatrix} + \begin{pmatrix} x_1^{(2)} \\ x_2^{(2)} \\ \vdots \\ x_n^{(2)} \end{pmatrix} + \ldots + \begin{pmatrix} x_1^{(m)} \\ x_2^{(m)} \\ \vdots \\ x_n^{(m)} \end{pmatrix}$$

★ Gelten in $(*)$ die Beziehungen $\lambda_1 + \lambda_2 + \ldots + \lambda_m = 1$ sowie $\lambda_i \geq 0$, $i = 1, \ldots, m$, so heißt x *konvexe Linearkombination* von $x_1, \ldots, x_m$.

★ Gilt in $(*)$ die Beziehung $\lambda_1 + \lambda_2 + \ldots + \lambda_m = 1$, aber λ_i, $i = 1, \ldots, m$, sind beliebige Zahlen (Skalare), so wird x *affine Linearkombination* von $x_1, \ldots, x_m$ genannt.

★ Gelten in $(*)$ die Beziehungen $\lambda_i \geq 0$, $i = 1, \ldots, m$, so heißt x *kegelförmige Linearkombination* von $x_1, \ldots, x_m$.

Lineare Abhängigkeit

Die m Vektoren $x_1, \ldots, x_m \in \mathbb{R}^n$ heißen *linear abhängig*, wenn es Zahlen $\lambda_1, \ldots, \lambda_m$ gibt, die nicht alle null sind, sodass die Beziehung

$$\boxed{\lambda_1 x_1 + \ldots + \lambda_m x_m = 0}$$

gilt. Anderenfalls heißen die Vektoren $x_1, \ldots, x_m$ *linear unabhängig*.

★ Die Maximalzahl linear unabhängiger Vektoren im $\mathbb{R}^n$ ist n.

★ Sind die Vektoren $x_1, \ldots, x_n \in \mathbb{R}^n$ linear unabhängig, so bilden sie eine *Basis* des Raumes $\mathbb{R}^n$, d. h., jeder Vektor $x \in \mathbb{R}^n$ lässt sich eindeutig in der Form $(*)$ darstellen.

Geraden- und Ebenengleichungen

Geraden im $\mathbb{R}^2$

$Ax + By + C = 0$	–	allgemeine Form
$y = mx + n$, $m = \tan\alpha$	–	explizite Form
$y - y_1 = m(x - x_1)$	–	Punkt-Richtungs-Form
$\dfrac{y - y_1}{x - x_1} = \dfrac{y_2 - y_1}{x_2 - x_1}$	–	Zweipunkteform
$\boldsymbol{x} = \boldsymbol{x_1} + \lambda(\boldsymbol{x_2} - \boldsymbol{x_1})$ $-\infty < \lambda < \infty$	–	Zweipunkteform in Parameterdarstellung mit $\boldsymbol{x_1} = \begin{pmatrix} x_1 \\ y_1 \end{pmatrix}$, $\boldsymbol{x_2} = \begin{pmatrix} x_2 \\ y_2 \end{pmatrix}$; vgl. Zweipunkteform einer Geraden im $\mathbb{R}^3$
$\dfrac{x}{a} + \dfrac{y}{b} = 1$	–	Achsenabschnittsform
$\tan\varphi = \dfrac{m_2 - m_1}{1 + m_1 m_2}$	–	Schnittwinkel zweier Geraden g_1, g_2
$l_1 \parallel l_2 : m_1 = m_2$	–	Parallelität
$l_1 \perp l_2 : m_2 = -\dfrac{1}{m_1}$	–	Orthogonalität

Geraden im $\mathbb{R}^3$

Punkt-Richtungs-Form (parametrisch): Gegeben sind der Punkt $P_0(x_0, y_0, z_0)$ der Geraden g mit Ortsvektor $\boldsymbol{x_0}$ und Richtungsvektor $\boldsymbol{a} = (a_x, a_y, a_z)^\top$

$\boldsymbol{x} = \boldsymbol{x_0} + \lambda\boldsymbol{a}$
$-\infty < \lambda < \infty$ bzw. $\begin{aligned} x &= x_0 + \lambda a_x \\ y &= y_0 + \lambda a_y \\ z &= z_0 + \lambda a_z \end{aligned}$

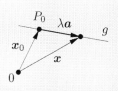

Zweipunkteform: Gegeben seien zwei Punkte $P_1(x_1, y_1, z_1)$ und $P_2(x_2, y_2, z_2)$ der Geraden g mit den Ortsvektoren $\boldsymbol{x_1}$ und $\boldsymbol{x_2}$

$\boldsymbol{x} = \boldsymbol{x_1} + \lambda(\boldsymbol{x_2} - \boldsymbol{x_1})$
$-\infty < \lambda < \infty$

bzw.

$x = x_1 + \lambda(x_2 - x_1)$
$y = y_1 + \lambda(y_2 - y_1)$
$z = z_1 + \lambda(z_2 - z_1)$

Ebenen im $\mathbb{R}^3$

Parameterform: Gegeben seien der Punkt $P_0(x_0, y_0, z_0)$ der Ebene mit Ortsvektor $\boldsymbol{x_0}$ und zwei Richtungsvektoren $\boldsymbol{a} = (a_x, a_y, a_z)^\top$, $\boldsymbol{b} = (b_x, b_y, b_z)^\top$

$\boldsymbol{x} = \boldsymbol{x_0} + \lambda\boldsymbol{a} + \mu\boldsymbol{b}$
$-\infty < \lambda < \infty$
$-\infty < \mu < \infty$

bzw.

$x = x_0 + \lambda a_x + \mu b_x$
$y = y_0 + \lambda a_y + \mu b_y$
$z = z_0 + \lambda a_z + \mu b_z$

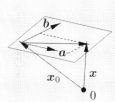

Normalenvektor der Ebene $\boldsymbol{x} = \boldsymbol{x_0} + \lambda\boldsymbol{a} + \mu\boldsymbol{b}$: $\boldsymbol{n} = \boldsymbol{a} \times \boldsymbol{b}$

Normalform der Ebenengleichung (im Punkt P_0)

$\boldsymbol{n} \cdot \boldsymbol{x} = \boldsymbol{n} \cdot \boldsymbol{x_0}$ bzw. $Ax + By + Cz = D$
$\boldsymbol{n} = (A, B, C)^\top$

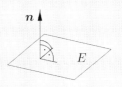

★ Die Normalform einer Ebenengleichung zeichnet sich dadurch aus, dass ein Ortsvektor $\boldsymbol{x_0}$ und ein senkrecht auf der Ebene stehender *Normalenvektor* (oder *Stellungsvektor* gegeben sind.

Matrizen

Eine (m, n)-*Matrix* $\boldsymbol{A}$ ist ein rechteckiges Schema von $m \cdot n$ reellen Zahlen (*Elementen*) $a_{ij} = (\boldsymbol{A})_{ij}$, $i = 1, \ldots, m$; $j = 1, \ldots, n$:

$$\boldsymbol{A} = \begin{pmatrix} a_{11} & \ldots & a_{1n} \\ \vdots & \ddots & \vdots \\ a_{m1} & \ldots & a_{mn} \end{pmatrix} = (a_{ij}) \begin{smallmatrix} i = 1, \ldots, m \\ j = 1, \ldots, n \end{smallmatrix}$$

i – Zeilenindex, j – Spaltenindex. Eine $(m, 1)$-Matrix wird *Spaltenvektor* und eine $(1, n)$-Matrix *Zeilenvektor* genannt.

★ Der *Zeilenrang* von $\boldsymbol{A}$ ist die Maximalzahl linear unabhängiger Zeilenvektoren, der *Spaltenrang* hingegen die Maximalzahl linear unabhängiger Spaltenvektoren.

★ Der Zeilenrang einer Matrix ist gleich dem Spaltenrang, sodass gilt rang $(\boldsymbol{A})$ = Zeilenrang = Spaltenrang.

Grundlegende Definitionen

$\boldsymbol{A} = \boldsymbol{B} \iff a_{ij} = b_{ij} \ \forall i, j$	–	Identität, Gleichheit
$\lambda \boldsymbol{A}$: $\quad (\lambda \boldsymbol{A})_{ij} = \lambda a_{ij}$	–	Multiplikation mit reeller Zahl
$\boldsymbol{A} \pm \boldsymbol{B}$: $\quad (\boldsymbol{A} \pm \boldsymbol{B})_{ij} = a_{ij} \pm b_{ij}$	–	Addition bzw. Subtraktion
$\boldsymbol{A}^\top$: $\quad (\boldsymbol{A}^\top)_{ij} = a_{ji}$	–	Transponieren
$\boldsymbol{A} \cdot \boldsymbol{B}$: $\quad (\boldsymbol{A} \cdot \boldsymbol{B})_{ij} = \sum\limits_{r=1}^{p} a_{ir} b_{rj}$	–	Multiplikation

Voraussetzung: $\boldsymbol{A}$ und $\boldsymbol{B}$ sind *verkettbar*, d. h., $\boldsymbol{A}$ ist eine (m, p)-Matrix und $\boldsymbol{B}$ ist eine (p, n)-Matrix; die Produktmatrix $\boldsymbol{AB}$ ist dann vom Typ (m, n).

★ Verkettbarkeit zweier Matrizen bedeutet, dass die Anzahl der Spalten der ersten Matrix gleich der Zeilenzahl der zweiten Matrix ist (Reihenfolge der beiden Faktoren ist wichtig!).

Matrizenmultiplikation

Die beiden Matrizen A und B sollen (in dieser Reihenfolge!) miteinander multipliziert werden. Man schreibt den ersten Faktor (Matrix A) links unten, den zweiten Faktor (Matrix B) rechts darüber und multipliziert die i-te Zeile von A skalar mit der j-ten Spalte von B (▶ Skalarprodukt, siehe S. 85), um das Element c_{ij} der Produktmatrix zu berechnen.

Falk'sches Schema zur Matrizenmultiplikation

$$\begin{array}{ccccc} b_{11} & \cdots & b_{1j} & \cdots & b_{1n} \\ \vdots & & \vdots & & \vdots \\ b_{p1} & \cdots & b_{pj} & \cdots & b_{pn} \end{array} \qquad B$$

$$A \quad \begin{array}{ccc} a_{11} & \cdots & a_{1p} \\ \vdots & & \vdots \\ a_{i1} & \cdots & a_{ip} \\ \vdots & & \vdots \\ a_{m1} & \cdots & a_{mp} \end{array} \qquad \cdots\cdots\cdots \quad c_{ij} = \sum_{r=1}^{p} a_{ir}b_{rj} \qquad C = A \cdot B$$

Rechenregeln ($\lambda, \mu \in \mathbb{R}$; $O = (a_{ij})$ mit $a_{ij} = 0 \ \forall i,j$ – Nullmatrix)

$A + B = B + A$	$(A + B) + C = A + (B + C)$
$(A + B)C = AC + BC$	$A(B + C) = AB + AC$
$(A^\top)^\top = A$	$(A + B)^\top = A^\top + B^\top$
$(\lambda + \mu)A = \lambda A + \mu A$	$(\lambda A)B = \lambda(AB) = A(\lambda B)$
$(AB)C = A(BC)$	$AO = O$
$(AB)^\top = B^\top A^\top$	$(\lambda A)^\top = \lambda A^\top$

★ Wie auch bei Zahlen wird das Multiplikationszeichen bei Matrizen meist weggelassen.

Spezielle Matrizen

quadratische Matrix	– gleiche Anzahl von Zeilen und Spalten
Einheitsmatrix E	– quadratische Matrix mit $a_{ii} = 1$ und $a_{ij} = 0$ für $i \neq j$
Diagonalmatrix D	– quadratische Matrix mit $d_{ij} = 0$ für $i \neq j$, Bezeichnung: $D = \text{diag}(d_i)$ mit $d_i = d_{ii}$
symmetrische Matrix	– quadratische Matrix mit $A^\top = A$
reguläre Matrix	– quadratische Matrix mit $\det A \neq 0$
singuläre Matrix	– quadratische Matrix mit $\det A = 0$
zu A inverse Matrix	– Matrix A^{-1} mit $AA^{-1} = E$
orthogonale Matrix	– reguläre Matrix mit $AA^\top = E$
positiv definite Matrix	– symmetrische Matrix mit $x^\top A x > 0$ $\forall\, x \neq 0, x \in \mathbb{R}^n$
positiv semidef. Matrix	– symmetrische Matrix mit $x^\top A x \geq 0$ $\forall\, x \in \mathbb{R}^n$
negativ definite Matrix	– symmetrische Matrix mit $x^\top A x < 0$ $\forall\, x \neq 0, x \in \mathbb{R}^n$
negativ semidef. Matrix	– symmetrische Matrix mit $x^\top A x \leq 0$ $\forall\, x \in \mathbb{R}^n$

Eigenschaften spezieller regulärer Matrizen

$E^\top = E$	$\det E = 1$	$E^{-1} = E$
$AE = EA = A$	$A^{-1}A = E$	$(A^{-1})^{-1} = A$
$(A^{-1})^\top = (A^\top)^{-1}$	$(AB)^{-1} = B^{-1}A^{-1}$	$\det(A^{-1}) = \dfrac{1}{\det A}$

Inverse Matrix

$$A^{-1} = \frac{1}{\det A} \cdot \begin{pmatrix} (-1)^{1+1} \det A_{11} \dots (-1)^{1+n} \det A_{n1} \\ \dots\dots\dots\dots\dots\dots\dots\dots\dots\dots\dots \\ (-1)^{n+1} \det A_{1n} \dots (-1)^{n+n} \det A_{nn} \end{pmatrix}$$

A_{ik} ist die aus A durch Streichen der i-ten Zeile und der k-ten Spalte gebildete Teilmatrix.

★ Aus praktischer Sicht ist diese Formel nur für $n = 2$ anwendbar, höchstens noch für $n = 3$. Für höhere Dimensionen ist die Anwendung des Gauß'schen Algorithmus (vgl. S. 98, 100) vorteilhafter.

Kriterien für Definitheit

★ Die reelle symmetrische (n,n)-Matrix $A = (a_{ij})$ ist genau dann positiv definit, wenn alle n Hauptabschnittsdeterminanten positiv sind:

$$\begin{vmatrix} a_{11} & \dots & a_{1k} \\ \dots\dots\dots\dots \\ a_{k1} & \dots & a_{kk} \end{vmatrix} > 0 \qquad \text{für} \quad k = 1, \dots, n.$$

Ausführlich beschrieben, bedeutet diese Aussage:

$$a_{11} > 0, \quad \begin{vmatrix} a_{11} & a_{12} \\ \dots\dots \\ a_{21} & a_{22} \end{vmatrix} > 0, \quad \dots, \quad \det A > 0.$$

★ Die reelle symmetrische (n,n)-Matrix $A = (a_{ij})$ ist genau dann negativ definit, wenn die Folge der n Hauptabschnittsdeterminanten beginnend mit Minus regelmäßig wechselnde Vorzeichen hat (mit anderen Worten: wenn $-A$ positiv definit ist):

$$(-1)^k \begin{vmatrix} a_{11} & \dots & a_{1k} \\ \dots\dots\dots\dots \\ a_{k1} & \dots & a_{kk} \end{vmatrix} > 0 \qquad \text{für} \quad k = 1, \dots, n.$$

★ Eine reelle symmetrische Matrix ist genau dann positiv definit (positiv semidefinit, negativ definit, negativ semidefinit), wenn alle ihre Eigenwerte (▶ Eigenwertaufgaben, S. 101) positiv (nicht negativ, negativ, nicht positiv) sind.

Determinanten

Die *Determinante* D einer quadratischen (n, n)-Matrix $\boldsymbol{A}$ ist die rekursiv definierte, von i unabhängige Zahl

$$D = \det \boldsymbol{A} = \begin{vmatrix} a_{11} & \dots & a_{1n} \\ \vdots & \ddots & \vdots \\ a_{n1} & \dots & a_{nn} \end{vmatrix}$$

$$= a_{i1}(-1)^{i+1} \det \boldsymbol{A_{i1}} + a_{i2}(-1)^{i+2} \det \boldsymbol{A_{i2}} + \dots + a_{in}(-1)^{i+n} \det \boldsymbol{A_{in}},$$

wobei $\boldsymbol{A_{ik}}$ die durch Streichen der i-ten Zeile und k-ten Spalte aus $\boldsymbol{A}$ gebildete (Teil-)Matrix ist. Die Determinante einer $(1, 1)$-Matrix ist gleich dem Wert ihres einzigen Elements.

★ Die Berechnung einer Determinante gemäß dieser Definition wird *Entwicklung* nach der i-ten Zeile genannt (*Laplace'scher Entwicklungssatz*).

★ Der gleiche Wert ergibt sich bei Entwicklung nach einer beliebigen Spalte j:

$$D = \det \boldsymbol{A} = \begin{vmatrix} a_{11} & \dots & a_{1n} \\ \vdots & \ddots & \vdots \\ a_{n1} & \dots & a_{nn} \end{vmatrix}$$

$$= a_{1j}(-1)^{1+j} \det \boldsymbol{A_{1j}} + a_{2j}(-1)^{2+j} \det \boldsymbol{A_{2j}} + \dots + a_{nj}(-1)^{n+j} \det \boldsymbol{A_{nj}}.$$

★ Die Vorzeichen $(-1)^{i+j}$ lassen sich mithilfe der „Schachbrettregel" bestimmen:

	1	2	3	... n
1	+	−	+	...
2	−	+	−	...
3	+	−	+	...
$\vdots$	$\vdots$	$\vdots$	$\vdots$	$\ddots$
n				

Spezialfälle

$n = 2$: $\qquad\qquad$ $n = 3$ (Regel von Sarrus):

$$\det \boldsymbol{A} = a_{11}a_{22} - a_{12}a_{21}$$

$$\det \boldsymbol{A} = a_{11}a_{22}a_{33} + a_{12}a_{23}a_{31}$$
$$+ a_{13}a_{21}a_{32} - a_{13}a_{22}a_{31}$$
$$- a_{11}a_{23}a_{32} - a_{12}a_{21}a_{33}$$

Eigenschaften n-reihiger Determinanten

★ Eine Determinante wechselt ihr Vorzeichen, wenn man zwei Zweilen oder zwei Spalten der zugehörigen Matrix vertauscht.

★ Sind zwei Zeilen (Spalten) einer Matrix gleich, hat ihre Determinante den Wert null.

★ Addiert man das Vielfache einer Zeile bzw. Spalte einer Matrix zu einer anderen Zeile bzw. Spalte, so ändert sich der Wert der Determinante nicht.

★ Multipliziert man eine Zeile (Spalte) einer Matrix mit einer Zahl, so multipliziert sich der Wert ihrer Determinante mit dieser Zahl.

Rechenregeln für Determinanten

$$\det \boldsymbol{A} = \det \boldsymbol{A}^{\top} \qquad\qquad \det(\boldsymbol{A} \cdot \boldsymbol{B}) = \det \boldsymbol{A} \cdot \det \boldsymbol{B}$$

$$\det(\lambda \boldsymbol{A}) = \lambda^n \det \boldsymbol{A}, \quad \lambda \in \mathbb{R}$$

Lineare Gleichungssysteme

Das lineare Gleichungssystem

$$
\boldsymbol{A}\boldsymbol{x} = \boldsymbol{b} \qquad \text{bzw.} \qquad
\begin{aligned}
a_{11}x_1 + \ldots + a_{1n}x_n &= b_1 \\
&\cdots\cdots\cdots\cdots\cdots \\
a_{m1}x_1 + \ldots + a_{mn}x_m &= b_m
\end{aligned}
\qquad (*)
$$

heißt *homogen*, wenn $\boldsymbol{b} = \boldsymbol{0}$ (d. h. $b_i = 0 \ \ \forall \ i = 1, \ldots, m$) und *inhomogen*, wenn $\boldsymbol{b} \neq \boldsymbol{0}$, d. h. $b_i \neq 0$ für wenigstens ein $i \in \{1, \ldots, m\}$. Die Menge aller Lösungen (sofern welche existieren) wird als *allgemeine Lösung* bezeichnet.

★ Das System $(*)$ ist genau dann lösbar, wenn rang $(\boldsymbol{A})$ = rang $(\boldsymbol{A}, \boldsymbol{b})$ gilt.

★ Für $m = n$ ist das lineare Gleichungssystem $(*)$ genau dann eindeutig lösbar, wenn det $\boldsymbol{A} \neq 0$ gilt.

★ Das homogene Gleichungssystem $\boldsymbol{A}\boldsymbol{x} = \boldsymbol{0}$ hat stets die triviale Lösung $\boldsymbol{x} = \boldsymbol{0}$.

★ Für $m = n$ hat das homogene Gleichungssystem $\boldsymbol{A}\boldsymbol{x} = \boldsymbol{0}$ genau dann nichttriviale Lösungen, wenn det $\boldsymbol{A} = 0$ gilt.

★ Ist $\boldsymbol{x_h}$ die allgemeine Lösung des homogenen Gleichungssssystems $\boldsymbol{A}\boldsymbol{x} = \boldsymbol{0}$ und $\boldsymbol{x_s}$ eine spezielle Lösung des inhomogenen Gleichungssystems $(*)$, so gilt für die allgemeine Lösung $\boldsymbol{x}$ des inhomogenen Gleichungssystems $(*)$:

$$\boxed{\boldsymbol{x} = \boldsymbol{x_h} + \boldsymbol{x_s}}$$

„Kleine" lineare Gleichungssysteme

Insbesondere für die (häufig vorkommenden) „kleinen" linearen Gleichungssysteme mit zwei Zeilen und zwei Spalten ($m = n = 2$) gibt es sehr einfache Lösungsverfahren. Die nachstehenden Darlegungen gelten für den Fall einer eindeutigen Lösung (für die weiteren möglichen Fälle siehe S. 98).

1. Auflösungsverfahren für (2 × 2)-Systeme

Löse eine der beiden Gleichungen (z. B. die erste) nach einer der Variablen (z. B . nach der ersten) auf und setze den erhaltenen Ausdruck (A) in die andere Gleichung ein. Bestimme aus der resultierenden Beziehung den Wert der verbliebenen Variablen. Setze diesen in (A) ein, um den Wert der anderen Variablen zu ermitteln.

2. Additionsverfahren

Addiere ein geeignetes Vielfaches der zweiten Zeile zur ersten in der Weise, dass eine der beiden Variablen verschwindet. Der aus der entstandenen linearen Gleichung berechnete Wert der zweiten Variablen wird in eine der beiden Ausgangsgleichungen eingesetzt, um den Wert der anderen Variablen zu berechnen.

3. Gleichsetzungsverfahren

Löse beide Gleichungen nach ein und derselben Variablen (z. B. nach der ersten) auf und setze beide gleich. Der aus der entstandenen linearen Gleichung berechnete Wert der zweiten Variablen wird in eine der beiden Ausgangsgleichungen eingesetzt, um den Wert der anderen Variablen zu berechnen.

★ Das beschriebene Auflösungsverfahren (auch *Eliminationsverfahren* genannt) kann analog auch auf Systeme mit drei Zeilen und drei Spalten ($m = n = 3$) übertragen werden:

Auflösungsverfahren für (3 × 3)-Systeme

Löse eine Gleichung (z. B. die erste) nach einer der Variablen (z. B. nach der ersten) auf und setze den erhaltenen Ausdruck (A) in die beiden anderen Gleichungen ein. Ermittle die beiden anderen Variablen nach einer der oben für $m = n = 2$ beschriebenen Methoden. Setze diese in den Ausdruck (A) ein, um den Wert der restlichen Variablen zu ermitteln.

Gauß'scher Algorithmus (Gauß-Jordan-Verfahren)

Gegeben sei ein Gleichungssystem der Form $Ax = b$ mit $A = (a_{ij})$, $i = 1, \ldots, m$, $j = 1, \ldots, n$ (Koeffizientenmatrix); $b \in \mathbb{R}^m$ (Vektor der rechten Seiten), $x \in \mathbb{R}^n$ (Vektor der Unbekannten).

Mit $\tilde{a}_{ij}$ werden die jeweils *aktuellen* Werte der Koeffizienten an der Stelle (i, j) bezeichnet, die sich bei den nachstehend beschriebenen Umformungen ergeben.

Ziel: Erzeugung einer links stehenden Einheitsmatrix

k-ter Schritt, $1 \leq k \leq m$:

1. Erzeugung des Koeffizienten 1 an der Stelle $\tilde{a}_{kk}$

mittels Division der k-ten Zeile durch $\tilde{a}_{kk}$. Falls $\tilde{a}_{kk} = 0$, so ist vorher nötig:

- Austausch der k-ten Zeile mit einer weiter unten stehenden Zeile i, $i \in \{k+1, \ldots, m\}$, sofern es dort einen Koeffizienten $\tilde{a}_{ik} \neq 0$ gibt **oder**

- Austausch der k-ten Spalte (mit Merken!) mit einer weiter rechts stehenden Spalte j, $j \in \{k+1, \ldots, n\}$, falls es dort ein Element $\tilde{a}_{kj} \neq 0$ gibt.

Als Resultat erhält man die Arbeitszeile k.

2. Erzeugung von Nullen in Spalte k

(außer an der Stelle $\tilde{a}_{kk}$) mittels Addition des $(-\tilde{a}_{ik})$-Fachen der Arbeitszeile k zu allen anderen Zeilen.

- Entsteht eine komplette Nullzeile $\boxed{0\,0\,\ldots\,0 \mid 0}$, so wird sie ersatzlos gestrichen, wodurch sich die Zeilenzahl des Systems um eins verringert.

- Entsteht eine Zeile der Art $\boxed{0\,0\,\ldots\,0 \mid \tilde{b}_i}$ mit $\tilde{b}_i \neq 0$, so ist das Verfahren beendet: Das Gleichungssystem besitzt dann keine Lösung.

3. Übergang zum nächsten Schritt (d. h. $k := k + 1$)

★ Die Anzahl der Schritte beträgt höchstens m. Nach Beendigung des Algorithmus

• ist entweder das Gleichungssystem widersprüchlich und besitzt somit keine Lösung   **oder**

• es wurde eine Darstellung der Form

$$\boxed{E x_B + R x_N = \tilde{b}} \qquad\qquad (*)$$

gewonnen (Gleichungssystem mit Einheitsmatrix und Restmatrix). In diesem Fall besitzt das lineare Gleichungssystem eine oder unendlich viele Lösungen.

Darstellung der allgemeinen Lösung

★ Kommt in der Darstellung $(*)$ die Restmatrix R nicht vor, was gleichbedeutend mit $R = 0$ ist, so besitzt das lineare Gleichungssystem genau eine Lösung; diese lautet $x_B = x = \tilde{b}$.

★ Gilt in der Darstellung $(*)$ die Beziehung $R \neq 0$, so besitzt das System unendlich viele Lösungen, die sich wie folgt beschreiben lassen:

$$x = \begin{pmatrix} x_B \\ x_N \end{pmatrix}, \quad x_N - \text{beliebiger Vektor}, \quad x_B = \tilde{b} - R x_N. \qquad (\circ)$$

Ausführliche Darstellung: Setzt man $x_N = (t_1, t_2, \ldots, t_f)^\top$, bezeichnet man die j-te Spalte der Restmatrix R mit r_j, $j = 1, \ldots, f$, und mit e_j den j-ten Einheitsvektor, so lautet $(\circ)$ in ausführlicher Schreibweise:

$$x = \begin{pmatrix} x_B \\ x_N \end{pmatrix} = \begin{pmatrix} \tilde{b} \\ 0 \end{pmatrix} + \begin{pmatrix} -r_1 \\ e_1 \end{pmatrix} \cdot t_1 + \ldots + \begin{pmatrix} -r_f \\ e_f \end{pmatrix} \cdot t_f. \qquad (\dagger)$$

Dabei gibt $f = n - \text{rang}(A)$ die Anzahl der *Freiheitsgrade* an; die Zahlen $t_1, \ldots, t_f$ werden *freie Parameter* genannt.

★ *Probemöglichkeit*: Nach Beendigung der Rechnung sollte unbedingt eine Probe durchgeführt werden. Setzt man den Vektor $(\tilde{b}, 0)^\top$ in das Ausgangssystem ein, so muss sich gerade die rechte Seite b ergeben (Lösung des inhomogenen LGS); setzt man einen beliebigen der restlichen f Vektoren in $(\dagger)$ ein, so muss der Nullvektor 0 entstehen (Lösung des zugehörigen homogenen LGS).

Cramer'sche Regel

Ist A eine reguläre Matrix, so lautet die Lösung $x = (x_1, \ldots, x_n)^\top$ des linearen Gleichungssystems $Ax = b$:

$$x_k = \frac{\det A_k}{\det A} \quad \text{mit} \quad A_k = \begin{pmatrix} a_{11} & \ldots & a_{1,k-1} & b_1 & a_{1,k+1} & \ldots & a_{1n} \\ \cdots\cdots\cdots\cdots\cdots\cdots\cdots\cdots\cdots\cdots\cdots \\ a_{n1} & \ldots & a_{n,k-1} & b_n & a_{n,k+1} & \ldots & a_{nn} \end{pmatrix},$$

$k = 1, \ldots, n$.

★ Die Matrix A_k entsteht aus der Matrix A dadurch, dass die k-te Spalte durch den Vektor der rechten Seiten ersetzt wird.

★ Die Cramer'sche Regel ist eher von theoretischer Bedeutung. Nur für kleine Systeme kann sie auch praktisch zur Berechnung der Lösung genutzt werden.

Inverse Matrix

Ist A eine reguläre Matrix, so ist der vollständige Austausch $y \leftrightarrow x$ im homogenen Funktionensystem $y = Ax$ stets möglich. Das Ergebnis ist $x = By$ mit $B = A^{-1}$:

	x
$y =$	A

$$\Longrightarrow$$

	y
$x =$	A^{-1}

Mit dem Gauß'schen Algorithmus (▶ S. 98) kann die Matrix A^{-1} nach folgendem Schema ermittelt werden:

$$(A \mid E) \qquad \Longrightarrow \qquad (E \mid A^{-1})$$

★ Dieses Schema besagt: Schreibe neben die Originalmatrix A die Einheitsmatrix E und wende das Gauß'sche Eliminationsverfahren an, um A in E zu transformieren. Dann entsteht auf der rechten Seite die inverse Matrix A^{-1}. Falls A^{-1} nicht existiert, entsteht links eine Nullzeile, sodass keine Einheitsmatrix geschaffen werden kann.

★ Bei der Anwendung des Gauß'schen Algorithmus darf Spaltentausch nicht angewendet werden; er ist aber auch nicht erforderlich.

Eigenwertaufgaben bei Matrizen

Eine Zahl λ heißt *Eigenwert* der quadratischen (n, n)-Matrix $\boldsymbol{A}$, wenn es einen Vektor $\boldsymbol{r} \neq \boldsymbol{0}$ gibt, für den gilt:

$$\boldsymbol{A}\boldsymbol{x} = \lambda\boldsymbol{x} \qquad \text{bzw.} \qquad \begin{array}{ccccc} a_{11}x_1 & + & \ldots & + & a_{1n}x_n & = & \lambda r_1 \\ \multicolumn{7}{c}{\dotfill} \\ a_{n1}x_1 & + & \ldots & + & a_{nn}x_n & = & \lambda r_n \end{array}$$

Ein zum Eigenwert λ gehöriger Vektor $\boldsymbol{x}$ mit dieser Eigenschaft heißt *Eigenvektor* von $\boldsymbol{A}$. Er ist Lösung des homogenen Gleichungssystems $(\boldsymbol{A} - \lambda\boldsymbol{E})\boldsymbol{x} = \boldsymbol{0}$. Hierbei ist die Einheitsmatrix $\boldsymbol{E}$ wie auch $\boldsymbol{A}$ vom Typ (n, n).

Eigenschaften von Eigenwerten

★ Sind $\boldsymbol{r}_1, \ldots, \boldsymbol{r}_k$ zum Eigenwert λ gehörige Eigenvektoren, so ist auch der Vektor $\boldsymbol{r} = \alpha_1\boldsymbol{r}_1 + \ldots + \alpha_k\boldsymbol{r}_k$ ein zum Eigenwert λ gehöriger Eigenvektor, falls nicht alle α_i gleich null sind.

★ Eine Zahl λ ist genau dann Eigenwert der Matrix $\boldsymbol{A}$, wenn gilt:

$$p_n(\lambda) := \det(\boldsymbol{A} - \lambda\boldsymbol{E}) = 0$$

Das Polynom $p_n(\lambda)$ ist vom n-ten Grade und wird *charakteristisches Polynom* der Matrix $\boldsymbol{A}$ genannt.

★ Die Anzahl der zum Eigenwert λ gehörigen linear unabhängigen Eigenvektoren ist $n - \text{rang}(\boldsymbol{A} - \lambda\boldsymbol{E})$.

★ Eine (n, n)-Diagonalmatrix $\boldsymbol{D} = \text{diag}(d_j)$ besitzt die Eigenwerte $\lambda_j = d_j$, $j = 1, \ldots, n$, was bedeutet, dass die Eigenwerte gerade aus den Diagonalelementen gebildet werden.

★ Die Eigenwerte einer reellen symmetrischen Matrix sind stets reell und jeder ihrer Eigenvektoren kann in reeller Form dargestellt werden.

Matrixmodelle

Input-Output-Analyse

$r = (r_i)$	r_i	– Gesamtaufwand an Rohstoff i
$e = (e_k)$	e_k	– produzierte Menge von Produkt k
$A = (a_{ik})$	a_{ik}	– Aufwand an Rohstoff i für eine Mengeneinheit von Produkt k
$r = A \cdot e$		*einfache Input-Output-Analyse*
$e = A^{-1} \cdot r$		*inverse Input-Output-Analyse* (Voraussetzung: A regulär)

Verkettete Input-Output-Analyse

$r = (r_i)$	r_i	– Gesamtaufwand an Rohstoff i
$e = (e_k)$	e_k	– produzierte Menge von Endprodukt k
$Z = (z_{jk})$	z_{jk}	– Aufwand an Zwischenprodukt j für eine Mengeneinheit von Endprodukt k
$A = (a_{ij})$	a_{ij}	– Aufwand an Rohstoff i für eine Mengeneinheit von Zwischenprodukt j
$r = A \cdot Z \cdot e$		

★ Die Input-Output-Analyse befasst sich u. a. mit betriebswirtschaftlichen Untersuchungen. Als Input werden die eingesetzten Rohstoffe und Vorprodukte dargestellt, als Output die produzierten Mengen.

Leontief-Modell

$x = (x_i)$	x_i	– Bruttoproduktion von Produkt i
$y = (y_i)$	y_i	– Nettoproduktion von Produkt i
$A = (a_{ij})$	a_{ij}	– Verbrauch von Produkt i für die Produktion einer Mengeneinheit von Produkt j
$y = x - Ax$		
$x = (E - A)^{-1} y$		Voraussetzung: $E - A$ reguläre Matrix

Äquivalente Aussagen der linearen Algebra

A ist regulär	**A ist singulär**
$\Longleftrightarrow$ det $A \neq 0$	$\Longleftrightarrow$ det $A = 0$
$\Longleftrightarrow$ A ist invertierbar	$\Longleftrightarrow$ A ist nicht invertierbar
$\Longleftrightarrow$ rang $A = n$	$\Longleftrightarrow$ rang $A < n$
$\Longleftrightarrow$ $Ax = 0$ hat nur die Lösung $x = 0$	$\Longleftrightarrow$ $Ax = 0$ besitzt unendlich viele Lösungen
$\Longleftrightarrow$ $Ax = b$ besitzt für beliebiges $b \in \mathbb{R}^n$ eine (eindeutige) Lösung	$\Longleftrightarrow$ es gibt Vektoren $b \in \mathbb{R}^n$, für die $Ax = b$ keine Lösung besitzt
$\Longleftrightarrow$ rang $(A \mid b) = n$ für beliebiges $b \in \mathbb{R}^n$	$\Longleftrightarrow$ es gibt Vektoren $b \in \mathbb{R}^n$ mit rang $A A$ rang $(A \mid b)$
$\Longleftrightarrow$ die Spaltenvektoren (Zeilenvektoren) von A sind linear unabhängig	$\Longleftrightarrow$ die Spaltenvektoren (Zeilenvektoren) von A sind linear abhängig
$\Longleftrightarrow$ die Spaltenvektoren (Zeilenvektoren) von A bilden eine Basis im $\mathbb{R}^n$	$\Longleftrightarrow$ die Spaltenvektoren (Zeilenvektoren) von A bilden keine Basis im $\mathbb{R}^n$

Lineare Optimierung

Unter einer *linearen Optimierungsaufgabe* versteht man die Suche nach einem Vektor $\boldsymbol{x}^* = (x_1^*, x_2^*, \ldots, x_n^*)^\top$ (*optimale Lösung*), der gegebene lineare Restriktionen (Nebenbedingungen)

$$
\begin{array}{ccccccccc}
a_{11}x_1 & + & a_{12}x_2 & + & \ldots & + & a_{1n}x_n & \diamond & b_1 \\
a_{21}x_1 & + & a_{22}x_2 & + & \ldots & + & a_{2n}x_n & \diamond & b_2 \\
\multicolumn{9}{c}{\dotfill} \\
a_{m1}x_1 & + & a_{m2}x_2 & + & \ldots & + & a_{mn}x_n & \diamond & b_m
\end{array}
$$

Nebenbe-
dingungen

erfüllt und unter allen solchen Vektoren $\boldsymbol{x} = (x_1, x_2, \ldots, x_n)^\top$ (*zulässige Lösungen*) einer vorgegebenen linearen Funktion

$$
\boxed{z(\boldsymbol{x}) = \boldsymbol{c}^\top \boldsymbol{x} = c_1 x_1 + c_2 x_2 + \ldots + c_n x_n}
$$
Zielfunktion

den besten Wert verleiht (den kleinsten bei einem *Minimumproblem* bzw. den größten bei einem *Maximumproblem*).

★ Das Zeichen $\diamond$ steht für $\geq$, $=$ oder $\leq$ und kann in jeder Zeile verschieden sein.

★ Eine Variable ist entweder nichtnegativ, d. h. $x_i \geq 0$ (*Nichtnegativitätsbedingung*), anderenfalls heißt sie *freie Variable* (und kann beliebiges Vorzeichen annehmen).

Normalform einer linearen Optimierungsaufgabe

Eine lineare Optimierungsaufgabe (LOA) ist in *Normalform* oder *Gleichungsform* gegeben, wenn sie eine Maximumaufgabe ist und außer den Nichtnegativitätsbedingungen für **alle** Variablen $x_i \geq 0$, $i = 1, \ldots, n$, nur Gleichungen enthält:

$$
\boxed{z = \boldsymbol{c}^\top \boldsymbol{x} \longrightarrow \max; \qquad A\boldsymbol{x} = \boldsymbol{a}, \quad \boldsymbol{x} \geq 0}
$$
Normalform

Überführung einer allgemeinen LOA in die Normalform

Ungleichungen werden in Gleichungen überführt, indem zusätzliche nichtnegative Schlupfvariable u_i eingeführt werden:

$$a_{i1}x_1 + \ldots + a_{in}x_n \leq b_i \implies a_{i1}x_1 + \ldots + a_{in}x_n + u_i = b_i,\ u_i \geq 0$$

$$a_{i1}x_1 + \ldots + a_{in}x_n \geq b_i \implies a_{i1}x_1 + \ldots + a_{in}x_n - u_i = b_i,\ u_i \geq 0$$

Freie Variablen werden durch Substitution (Differenz zweier nichtnegativer Variabler) beseitigt:

$$x_i \quad \text{frei} \implies x_i := x_i^+ - x_i^-, \quad x_i^+ \geq 0, \quad x_i^- \geq 0$$

Minimumaufgabe in Maximumaufgabe überführen:

$$z = \boldsymbol{c}^\top \boldsymbol{x} \longrightarrow \min \implies \overline{z} := -z = (-\boldsymbol{c})^\top \boldsymbol{x} \longrightarrow \max$$

Grafische Lösung einer linearen Optimierungsaufgabe

★ Die grafische Lösungsmethode ist nur für lineare Optimierungsaufgaben mit zwei Variablen anwendbar.

1. Konstruktion des zulässigen Bereiches

- Forme alle in Ungleichungsform gegebenen Nebenbedingungen in Gleichungen um. Stelle für jede Nebenbedingung die zu der entstandenen linearen Gleichung gehörende Gerade in einem kartesischen x_1, x_2-Koordinatensystem dar.

- Bestimme die zu jeder der Ungleichungen gehörende Halbebene und markiere sie. Berücksichtige, sofern vorhanden, die Nichtnegativitätsbedingungen durch Auswahl des entsprechenden Quadranten.

- Konstruiere den zulässigen Bereich der linearen Optimierungsaufgabe, d. h. die Menge aller zulässigen Lösungen, und hebe ihn optisch hervor.

2. Konstruktion der Niveaulinien der Zielfunktion

- Setze die Zielfunktion gleich einem geeignet gewählten Wert $K > 0$ (Höhe, Niveau). Zeichne die zu der entstandenen linearen Gleichung gehörige Gerade in das Koordinatensystem ein.

- Bestimme aus dem Vergleich zwischen der eingezeichneten Höhenlinie und der zu ihr parallel verlaufenden Geraden durch den Koordinatenursprung mit $K = 0$ die Maximierungsrichtung, in der das Niveau ansteigt, sodass der Zielfunktionswert wächst. Dies ist die Richtung vom Ursprung zur Höhenlinie. Die Gegenrichtung ist die Minimierungsrichtung.

3. Bestimmung eines optimalen Punktes

- Verschiebe die eingezeichnete Höhenlinie der Zielfunktion so weit wie möglich in Maximierungs- bzw. Minimierungsrichtung, sodass sie mit dem zulässigen Bereich gerade noch einen Punkt oder eine Strecke gemeinsam hat (optimale Lösung).

- Falls die Koordinaten des ermittelten Punktes (bzw. der Endpunkte der Strecke) nicht aus der Zeichnung ablesbar sind, so bestimme die genauen Koordinaten (Werte der optimalen Lösung) als Lösung eines linearen Gleichungssystems, das dadurch entsteht, dass die zu dem Schnittpunkt gehörenden beiden Gleichungen aufgelöst werden.

- Berechne den zur optimalen Lösung gehörigen optimalen Zielfunktionswert durch Einsetzen der optimalen Lösung in die Zielfunktion.

★　Der zulässige Bereich einer linearen Optimierungsaufgabe ist stets ein polygonales Gebilde (beschränkt oder unbeschränkt), d. h., er wird von Geraden begrenzt. Die optimale Lösung liegt immer auf dem Rand des zulässigen Bereichs, niemals im Inneren.

★　Folgende Fälle sind möglich:

- Es gibt genau eine optimale Lösung. Diese liegt dann in einem Eckpunkt des zulässigen Bereichs.

- Es gibt unendlich viele Lösungen. Diese liegen auf einer Begrenzungsseite (Strecke oder Strahl). Der optimale Zielfunktionswert kann dabei endlich oder unendlich sein.

- Der zulässige Bereich ist leer.

Simplexverfahren

Ausgangspunkt: Lineare Optimierungsaufgabe in Gleichungsform mit enthaltener Einheitsmatrix (o. B. d. A. stehe diese bei den ersten m Variablen); ferner gelte $b_j \geq 0$:

$$Ex_B + Bx_N = b.$$

★ Lassen sich diese Bedingungen nicht erfüllen, so ist die *Zwei-Phasen-Methode* (▶ S. 110) anzuwenden.

Bezeichnungen

Nr.	–	laufende Zeilennummer
BV	–	Namen der Basisvariablen
c_B	–	zu den Basisvariablen gehöriger Vektor der Zielfunktionskoeffizienten
x_B	–	Vektor der aktuellen Werte der Basisvariablen
Θ	–	Quotientenvektor zur Ermittlung der auszutauschenden Basisvariablen
c_j	–	Zielfunktionskoeffizient zur Variablen x_j
$\tilde{b}_{ij}$	–	aktuelle Werte der Nebenbedingungskoeffizienten der Matrix B
$\tilde{b}_j$	–	aktuelle Werte der rechten Seiten
Δ_j	–	Optimalitätsindikator zur Variablen x_j
z	–	aktueller Zielfunktionswert

Simplextabelle

Nr.	BV	c_B	x_1 c_1	x_2 c_2	$\cdots$	x_m c_m	x_{m+1} c_{m+1}	$\cdots$	x_n c_n	x_B	Θ
1	x_1	c_1	1	0	$\ldots$	0	$\tilde{b}_{1,m+1}$	$\ldots$	$\tilde{b}_{1n}$	$\tilde{b}_1$	
2	x_2	c_2	0	1	$\ldots$	0	$\tilde{b}_{2,m+1}$	$\ldots$	$\tilde{b}_{2n}$	$\tilde{b}_2$	
$\vdots$	$\vdots$	$\vdots$	$\vdots$	$\vdots$	$\ddots$	$\vdots$	$\vdots$	$\vdots$	$\vdots$	$\vdots$	
m	x_m	c_m	0	0	$\ldots$	1	$\tilde{b}_{m,m+1}$	$\ldots$	$\tilde{b}_{mn}$	$\tilde{b}_m$	
$m+1$			Δ_1	Δ_2	$\ldots$	Δ_m	Δ_{m+1}	$\ldots$	Δ_n	z	

Anfangsschritt des Simplexverfahrens

1. Trage in die erste Zeile der Simplextabelle die Zielfunktionskoeffizienten c_j, $j = 1, \ldots, n$, ein.

2. Trage alle Komponenten der rechten Seiten $\tilde{b}_{ij} = b_{ij}$, $i = 1, \ldots, m$, $j = 1, \ldots, n$, aus den Nebenbedingungen in die Spalten $x_1, \ldots, x_n$ (Zeilen 1 bis m) ein.

3. Trage die rechten Seiten $\tilde{b}_j = b_j$, $j = 1, \ldots, m$, in die Spalte $\boldsymbol{x_B}$ (aktuelle Werte der Basisvariablen) ein.

4. Berechne die zur Anfangslösung gehörenden Optimalitätsindikatoren $\Delta_j = \sum_{i=1}^{m} c_{B,i} \tilde{b}_{ij} - c_j$, $j = 1, \ldots, n$, sowie den aktuellen Zielfunktionswert $z = \sum_{i=1}^{m} c_i \tilde{b}_i$.

★ Im Ergebnis des Anfangsschrittes liegt eine vollständig ausgefüllte Simplextabelle vor. In der Tabelle stehen die Basisvariablen mit ihren aktuellen Werten und der jeweils nach den Basisvariablen aufgelösten Nebenbedingungsmatrix. Diese enthält stets mindestens m Einheitsvektoren. Am Anfang sind das die ersten m Spalten, in nachfolgenden Schritten stehen die Einheitsspalten i. Allg. nicht mehr nebeneinander. Die Nichtbasisvariablen sind automatisch gleich null und kommen in der Tabelle nicht vor.

★ Die Berechnung der Größen in der $(m+1)$-ten Zeile (Optimalitätsindikatoren und aktueller Zielfunktionswert) erfolgt durch Bildung des Skalarprodukts aus den Spaltenvektoren $\boldsymbol{c_B}$ bzw. $\tilde{\boldsymbol{A}}_j$ ($=j$-ter aktueller Spaltenvektor) und $\boldsymbol{x_B}$. Bei den Optimalitätsindikatoren muss noch c_j subtrahiert werden:

$$z = \langle \boldsymbol{c_B}, \boldsymbol{x_B} \rangle; \qquad \Delta_j = \langle \boldsymbol{c_B}, \tilde{\boldsymbol{A}}_j \rangle - c_j, \, j = 1, \ldots, n. \qquad (*)$$

★ Die zur Anfangstabelle gehörige Basislösung ist $x_1 = \tilde{b}_1, \ldots, x_m = \tilde{b}_m$, $x_{m+1} = 0, \ldots, x_n = 0$; der dazu gehörende Zielfunktionswert lautet $z = \sum_{j=1}^{m} c_j \tilde{b}_j$.

Allgemeiner Simplexschritt

(Anwendung des Gauß'schen Algorithmus mit zwei Zusatzregeln)

1. **Optimalitätstest:** Sind alle $\Delta_j \geq 0$, $j = 1, \ldots, n$? Falls ja, so ist die vorliegende aktuelle Basislösung optimal. Stopp.

2. **Auswahl der aufzunehmenden Basisvariablen:** Wähle eine Spalte k mit $\Delta_k < 0$ (z. B. die mit dem kleinsten Optimalitätsindikator Δ_k); die zu x_k gehörige Spalte kommt in die Basis.

3. **Test auf Unlösbarkeit:** Gilt $\tilde{a}_{ik} \leq 0 \ \forall i = 1, \ldots, m$? Falls ja, so ist die vorliegende LOA unlösbar, da ihr Zielfunktionswert über dem zulässigen Bereich unbeschränkt wachsen kann.

4. **Auswahl der auszuschließenden Variablen:** Bestimme diejenige Zeile r und die darin stehende Basisvariable $x_{B,r}$ aus der Beziehung $\Theta_r = \min \Theta_j$, wobei gilt $\Theta_j = \tilde{b}_j / \tilde{a}_{jk}$ für alle j mit $\tilde{a}_{jk} > 0$. Für $\tilde{a}_{jk} \leq 0$ erfolgt keine Quotientenbildung. Gibt es mehrere Θ_j, die das Minimum realisieren, so wähle eine beliebige solche Zeile. Die Variable $x_{B,r}$ wird zur Nichtbasisvariablen.

5. **Übergang zu einer benachbarten Basislösung:**
   a) Ändere die Eintragungen in den Spalten BV und c_B: $x_{B,r}$ wird durch x_k ersetzt und $c_{B,r}$ durch c_k.
   b) Rechne die gesamte Tabelle (Zeilen 1 bis $m + 1$, Spalten x_1 bis x_n und Spalte x_B) nach den Regeln des Gauß'schen Algorithmus in der Weise um, dass in der k-ten Spalte ein Einheitsvektor mit der Eins in der r-ten Zeile erzeugt wird.

Kontrollmöglichkeiten

1. Für alle Basisvariablen muss gelten $\Delta_j = 0$.
2. Die Werte der Basisvariablen (x_B-Spalte) dürfen nie negativ sein.
3. Der aktuelle Zielfunktionswert z muss von Schritt zu Schritt wachsen (exakter: er darf nicht fallen).
4. In jedem Iterationsschritt (und nicht nur in der Anfangstabelle) müssen die Beziehungen $(*)$ gelten. Die Überprüfung dieser Formeln bietet eine Probemöglichkeit, sofern die $(m + 1)$-te Zeile mittels des Gauß'schen Algorithmus berechnet wird.

Zwei-Phasen-Methode

Ist in den Nebenbedingungen der zu lösenden linearen Optimierungs-aufgabe noch keine Einheitsmatrix vorhanden, wird in einer *ersten Phase* des Simplexverfahrens eine Hilfsaufgabe gelöst. Dazu werden in den Nebenbedingungen nichtnegative künstliche Variablen v_i, $i = 1, \ldots, m$, eingefügt, deren Summe in einer Hilfszielfunktion minimiert wird, was der Maximierung der negativen Summe der künstlichen Variablen ent-spricht:

$$
\begin{array}{rcl}
- v_1 - v_2 \ldots - v_m & \longrightarrow & \max \\
\end{array}
$$

$$
\begin{array}{llllll}
a_{11}x_1 + & a_{12}x_2 + \ldots + & a_{1n}x_n + v_1 & & = & b_1 \\
a_{21}x_1 + & a_{22}x_2 + \ldots + & a_{2n}x_n & + v_2 & = & b_2 \\
\ldots\ldots\ldots\ldots\ldots\ldots\ldots\ldots\ldots\ldots\ldots\ldots\ldots\ldots & & \ddots & \vdots & & (**) \\
a_{m1}x_1 + & a_{m2}x_2 + \ldots + & a_{mn}x_n & + v_m & = & b_m \\
\end{array}
$$

$$
x_1, x_2, \ldots, x_n, v_1, v_2, \ldots, v_m \geq 0 \, .
$$

★ Das Ziel besteht darin, die künstlichen Variablen vollständig zu eliminieren; dazu muss die Summe derselben zwingend null sein.

Erste Phase der Simplexmethode

1. Füge nichtnegative künstliche Variablen zur Erzeugung einer Ein-heitsmatrix der Dimension m ein; eventuell bereits vorhandene Einheitsvektoren können dabei genutzt werden.

2. Ändere die ursprüngliche Zielfunktion in $-v_1 - \ldots - v_m \to \max$; werden für gewisse i keine künstlichen Variablen v_i eingeführt, fallen sie aus der Summenbildung heraus. Im Resultat entsteht die Aufgabe $(**)$.

3. Löse $(**)$ mithilfe des Simplexverfahrens, wobei als Anfangsba-sislösung $(\boldsymbol{x}^0, \boldsymbol{v}^0) = (\boldsymbol{0}, \boldsymbol{b})$ genommen wird.

4. Sind in $(**)$ keine künstlichen Variablen mehr in der Basis (und gilt folglich $z^* = 0$), liegt eine zulässige Basislösung der ursprüng-lichen Optimierungsaufgabe vor und die zweite Phase der Sim-plexmethode kann nach Änderung der Simplextabelle gestartet werden. Bei $z^* > 0$ ist die ursprüngliche lineare Optimierungs-aufgabe nicht lösbar, da ihr zulässiger Bereich leer ist.

Dualität

$$z(\boldsymbol{x}) = \boldsymbol{c}^\top \boldsymbol{x} \to \max$$
$$\boldsymbol{A}\boldsymbol{x} \leq \boldsymbol{a}$$
$$\boldsymbol{x} \geq \boldsymbol{0}$$

$$\Longleftrightarrow$$

$$w(\boldsymbol{u}) = \boldsymbol{a}^\top \boldsymbol{u} \to \min$$
$$\boldsymbol{A}^\top \boldsymbol{u} \geq \boldsymbol{c}$$
$$\boldsymbol{u} \geq \boldsymbol{0}$$

primale Aufgabe   **duale Aufgabe**

Eigenschaften

★ Die duale Aufgabe der dualen Aufgabe ist die primale Aufgabe.

★ *Schwacher Dualitätssatz*. Sind die Vektoren $\boldsymbol{x}$ primal zulässig und $\boldsymbol{u}$ dual zulässig, so gilt $z(\boldsymbol{x}) \leq w(\boldsymbol{u})$.

★ *Starker Dualitätssatz*. Sind die Vektoren $\boldsymbol{x}^*$ primal zulässig und $\boldsymbol{u}^*$ dual zulässig und gilt $z(\boldsymbol{x}^*) = w(\boldsymbol{u}^*)$, so ist $\boldsymbol{x}^*$ Optimallösung der primalen Aufgabe und $\boldsymbol{u}^*$ Optimallösung der dualen Aufgabe.

★ Eine primal zulässige Lösung $\boldsymbol{x}^*$ ist genau dann Optimallösung der primalen Aufgabe, wenn eine dual zulässige Lösung $\boldsymbol{u}^*$ existiert, für die $z(\boldsymbol{x}^*) = w(\boldsymbol{u}^*)$ gilt.

★ Besitzen sowohl die primale als auch die duale Aufgabe zulässige Lösungen, so besitzen beide Aufgaben Optimallösungen, und es gilt die Beziehung $z^* = w^*$.

★ Hat die primale (duale) Aufgabe zulässige Lösungen und ist die duale (primale) Aufgabe unlösbar, weil sie keine zulässigen Lösungen hat, so ist die primale (duale) Aufgabe unlösbar wegen $z \to +\infty$ (bzw. $w \to -\infty$).

★ *Komplementaritätssatz*. Eine primal zulässige Lösung $\boldsymbol{x}^*$ ist genau dann Optimallösung der primalen Aufgabe, wenn eine dual zulässige Lösung $\boldsymbol{u}^*$ existiert, so dass für alle Komponenten der Vektoren $\boldsymbol{x}^*$, $\boldsymbol{A}\boldsymbol{x}^* - \boldsymbol{a}$, $\boldsymbol{u}^*$ und $\boldsymbol{A}^\top \boldsymbol{u}^* - \boldsymbol{c}$ die folgenden *Komplementaritätsbedingungen* gelten:

$$x_i^* = 0, \text{ wenn } (\boldsymbol{A}^\top \boldsymbol{u}^* - \boldsymbol{c})_i > 0; \qquad (\boldsymbol{A}\boldsymbol{x}^* - \boldsymbol{a})_i = 0, \text{ wenn } u_i^* > 0$$
$$u_i^* = 0, \text{ wenn } (\boldsymbol{A}\boldsymbol{x}^* - \boldsymbol{a})_i > 0; \qquad (\boldsymbol{A}^\top \boldsymbol{u}^* - \boldsymbol{c})_i = 0, \text{ wenn } x_i^* > 0$$

Schattenpreise

Stellt die primale Aufgabe das Modell einer Produktionsplanung mit Gewinnvektor c und der Ressourcenbeschränkung a dar und ist der Vektor $u^* = (u_1^*, \ldots, u_m^*)^\top$ die Optimallösung der zugehörigen dualen Aufgabe, so gilt unter gewissen Voraussetzungen: Die Erhöhung der Ressourcenbeschränkung a_i (= i-te rechte Seite) um eine Einheit bewirkt eine Vergrößerung des maximalen Gewinns um u_i^* Einheiten (*Schattenpreise, Zeilenbewertungen*).

Modell der Transportoptimierung

Problemstellung

Aus m Lagern A_i mit Vorräten $a_i \geq 0$, $i = 1, \ldots, m$, sind n Verbraucher B_j mit Bedarf $b_j \geq 0$, $j = 1, \ldots, n$, zu beliefern. Bei bekannten, bezüglich der Liefermengen linearen Transportkosten mit Preiskoeffizienten c_{ij} sind die Gesamttransportkosten zu minimieren.

Mathematisches Modell (Transportproblem)

$$z = \sum_{i=1}^{m} \sum_{j=1}^{n} c_{ij} x_{ij} \to \min;$$

$$\sum_{j=1}^{n} x_{ij} = a_i, \quad i = 1, \ldots, m$$

$$\sum_{i=1}^{m} x_{ij} = b_j, \quad j = 1, \ldots, n$$

$$x_{ij} \geq 0, \quad i = 1, \ldots, m; j = 1, \ldots, n$$

★ Die (m, n)-Matrix $X = (x_{ij})$ der von A_i nach B_j beförderten Warenmengen wird *zulässige Lösung* genannt, wenn sie den Nebenbedingungen genügt.

★ Das Transportproblem ist genau dann lösbar, wenn die *Sättigungsbedingung* $\boxed{\sum_{i=1}^{m} a_i = \sum_{j=1}^{n} b_j}$ gilt.

★ Für $a_i = b_j = 1$ für alle i und j spricht man vom *Zuordnungsproblem*.

Klassische Finanzmathematik

Lineare Verzinsung

Bezeichnungen

p	–	Zinssatz, Zinsfuß pro Periode (in Prozent)
t	–	Teil (Vielfaches) einer Zinsperiode, Zeitpunkt
K_0	–	Anfangskapital, Barwert, Gegenwartswert
K_t	–	Kapital zum Zeitpunkt t, Zeitwert
Z_t	–	Zinsen für den Zeitraum t
i	–	Zinssatz: $i = \frac{p}{100}$
T	–	Anzahl der Zinstage

★ In Deutschland rechnet man im Allgemeinen mit 30 Zinstagen pro Monat und 360 Zinstagen pro Jahr. Am häufigsten kommt als Zinsperiode das Jahr vor (Zinsen p. a., per annum), aber auch andere Zeiträume können Zinsperiode sein (z. B. Quartal, Monat). Bei allen die Größe T enthaltenden Formeln wird als Zinsperiode ein Jahr unterstellt.

Grundlegende Formeln

$T = 30 \cdot (m_2 - m_1) + n_2 - n_1$	–	Zinstage; m_i, n_i bezeichnen Monat und Tag des i-ten Zeitpunkts, $i = 1, 2$
$Z_t = K_0 \cdot \dfrac{p}{100} \cdot t = K_0 \cdot i \cdot t$	–	Zinsbetrag
$Z_T = \dfrac{K_0 \cdot i \cdot T}{360} = \dfrac{K_0 \cdot p \cdot T}{100 \cdot 360}$	–	Zinsbetrag auf Tagesbasis
$K_0 = \dfrac{100 \cdot Z_t}{p \cdot t} = \dfrac{Z_t}{i \cdot t}$	–	(Anfangs-) Kapital (in $t = 0$)
$p = \dfrac{100 \cdot Z_t}{K_0 \cdot t}$	–	Zinssatz (in Prozent)

$$i = \frac{Z_t}{K_0 \cdot t} \qquad - \quad \text{Zinssatz}$$

$$t = \frac{100 \cdot Z_t}{K_0 \cdot p} = \frac{Z_t}{K_0 \cdot i} \qquad - \quad \text{Laufzeit}$$

Kapital zum Zeitpunkt t

$$K_t = K_0(1 + i \cdot t) = K_0 \left(1 + i \cdot \frac{T}{360}\right) \quad - \quad \text{Zeitwert, Kapital zum Zeitpunkt } t$$

$$K_0 = \frac{K_t}{1 + i \cdot t} = \frac{K_t}{1 + i \cdot \frac{T}{360}} \quad - \quad \text{Barwert}$$

$$i = \frac{K_n - K_0}{K_0 \cdot t} = 360 \cdot \frac{K_n - K_0}{K_0 \cdot T} \quad - \quad \text{Zinssatz}$$

$$t = \frac{K_n - K_0}{K_0 \cdot i} \qquad - \quad \text{(Lauf-)Zeit}$$

$$T = 360 \cdot \frac{K_n - K_0}{K_0 \cdot i} \qquad - \quad \text{Anzahl der Zinstage}$$

Regelmäßige Zahlungen

★   Bei Einteilung der ursprünglichen Zinsperiode in m Teilperioden der Dauer $\frac{1}{m}$ und regelmäßigen Zahlungen der Höhe r zu Beginn (vorschüssig) bzw. am Ende (nachschüssig) jeder Teilperiode entsteht ein Endwert (*Jahresersatzrate*) von

$$R = r \cdot \left(m + \frac{m+1}{2} \cdot i\right) \qquad - \quad \text{bei vorschüssiger Zahlung}$$

$$R = r \cdot \left(m + \frac{m-1}{2} \cdot i\right) \qquad - \quad \text{bei nachschüssiger Zahlung}$$

Speziell: $m = 12$ (monatliche Zahlungen und jährliche Verzinsung)

$R = r \cdot (12 + 6,5i) \qquad - \quad$ vorschüssige monatliche Zahlungen

$R = r \cdot (12 + 5,5i) \qquad - \quad$ nachschüssige monatliche Zahlungen

Exponentielle Verzinsung

Betrachtet man mehrere Zinsperioden und werden die Zinsen nicht ausgezahlt, sondern angesammelt, so spricht man von *Zinseszinsrechnung* oder *exponentieller* (mitunter auch *geometrischer*) Verzinsung. Die Zinszahlung erfolgt üblicherweise am Ende der Zinsperiode.

Bezeichnungen

p	–	Zinssatz, Zinsfuß (in Prozent) pro Zinsperiode
n	–	Anzahl der Zinsperioden
K_0	–	Anfangskapital, Barwert, Gegenwartswert
K_n	–	Kapital nach n Perioden, Endwert
i	–	(Nominal-) Zinssatz: $i = \frac{p}{100}$
q, q^n	–	Aufzinsungsfaktor (für eine bzw. n Perioden): $q = 1 + i$
v	–	Abzinsungsfaktor Diskontierungsfaktor: $v = \frac{1}{q}$
m	–	Anzahl unterjähriger Zinsperioden (Teilperioden)
d	–	Diskontfaktor
$i_m, \hat{i}_m$	–	zur unterjährigen (Teil-) Periode gehöriger Zinssatz

Umrechnung der Grundgrößen

	p	i	q	v	d
p	p	$100i$	$100(q-1)$	$100\dfrac{1-v}{v}$	$100\dfrac{d}{1-d}$
i	$\dfrac{p}{100}$	i	$q-1$	$\dfrac{1-v}{v}$	$\dfrac{d}{1-d}$
q	$1+\dfrac{p}{100}$	$1+i$	q	$\dfrac{1}{v}$	$\dfrac{1}{1-d}$
v	$\dfrac{100}{100+p}$	$\dfrac{1}{1+i}$	$\dfrac{1}{q}$	v	$1-d$
d	$\dfrac{p}{100+p}$	$\dfrac{i}{1+i}$	$\dfrac{q-1}{q}$	$1-v$	d

Grundlegende Formeln

$K_n = K_0 \cdot (1 + i)^n = K_0 \cdot q^n$	– Leibniz'sche Endwertformel
$K_0 = \dfrac{K_n}{(1 + i)^n} = \dfrac{K_n}{q^n}$	– Barwert, Zeitwert für $t = 0$
$p = 100 \left(\sqrt[n]{\dfrac{K_n}{K_0}} - 1 \right)$	– Zinssatz, Rendite (in Prozent)
$n = \dfrac{\ln \frac{K_n}{K_0}}{\ln q}$	– Laufzeit
$n \approx 69/p$	– Näherungsformel für Verdoppelungsdauer eines Kapitals
$K_n = K_0 \cdot q_1 \cdot q_2 \cdot \ldots \cdot q_n$	– Endwert bei wechselnden Zinssätzen p_j, $j = 1, \ldots, n$, wobei gilt $q_j = 1 + \frac{p_j}{100}$
$p_r = 100 \left(\dfrac{1+i}{1+r} - 1 \right) \approx 100(i - r)$	– Realzinssatz bei Inflationsrate r

Gemischte (taggenaue) Verzinsung

$$K_t = K_0 \cdot (1 + it_1) \cdot (1 + i)^N \cdot (1 + it_2) \quad - \quad \text{Kapital nach der Zeit } t$$

★ N bezeichnet die Anzahl ganzer Zinsperioden, während t_1, t_2 die Teile einer Zinsperiode darstellen, wo linear verzinst wird.

★ Zur Vereinfachung wird bei finanzmathematischen Berechnungen anstelle der Formel der gemischten (taggenauen) Verzinsung häufig die Leibniz'sche Endwertformel mit nicht ganzzahligem Exponenten angewendet, d. h. $K_t = K_0(1 + i)^t$ mit $t = t_1 + N + t_2$.

Vorschüssige Verzinsung: Der Diskont

Wird der Zinssatz dadurch festgelegt, dass die Zinsen als Bruchteil des Kapitals am **Ende** der Periode ausgedrückt werden, spricht man von *vorschüssiger (antizipativer)* Verzinsung (▶ Diskontfaktor S. 115).

$$d = \frac{K_1 - K_0}{K_1} = \frac{K_t - K_0}{K_t \cdot t} \quad - \quad \text{Zinssatz (Diskontrate) bei vor-schüssiger Verzinsung}$$

$$K_n = \frac{K_0}{(1-d)^n} \quad - \quad \text{Endwert}$$

$$K_0 = K_n (1-d)^n \quad - \quad \text{Barwert}$$

Unterjährige Verzinsung

$$K_n^m = K_0 \cdot \left(1 + \frac{i}{m}\right)^{n \cdot m} \quad - \quad \text{Endwert nach } n \text{ Perioden bei } m\text{-maliger Verzinsung pro Periode}$$

$$i_m = \frac{i}{m} \quad - \quad \text{relativer unterjähriger Zinssatz}$$

$$\hat{i}_m = \sqrt[m]{1+i} - 1 \quad - \quad \text{äquivalenter unterjähriger Zinssatz}$$

$$i_{\text{eff}} = (1 + i_m)^m - 1 \quad - \quad \text{effektiver Jahreszinssatz}$$

$$p_{\text{eff}} = 100 \left[(1 + \frac{i}{m})^m - 1 \right] \quad - \quad \text{effektiver Jahreszinssatz (in Prozent)}$$

★ Die Ausgangszinsperiode kann beliebig sein; meist beträgt sie ein Jahr.

★ Die Berechnung des Endwerts bei m-maliger Verzinsung mit dem äquivalenten unterjährigen Zinssatz $\hat{i}_m$ führt auf denselben Endwert wie die einmalige Verzinsung mit dem Nominalzinssatz i. Die Berechnung des Endwerts bei m-maliger Verzinsung mit dem relativen Zinssatz i_m führt auf denjenigen (größeren) Endwert, der sich bei einmaliger Verzinsung mit dem Effektivzinssatz i_{eff} ergibt.

Stetige Verzinsung

$$K_n^\infty = K_0 \cdot e^{i \cdot n} \quad - \quad \text{Endwert nach } n \text{ Perioden bei stetiger Verzinsung}$$

$$K_0 = K_n^\infty \cdot e^{-i \cdot n} \quad - \quad \text{Barwert bei stetiger Verzinsung}$$

$$i^* = \ln(1+i) \quad - \quad \text{Zinsintensität (zum Zinssatz } i \text{ äquivalent)}$$

$$i = e^{i^*} - 1 \quad - \quad \text{Nominalzinssatz (zu } i^* \text{ äquivalent)}$$

★ Stetige Verzinsung entsteht aus unterjähriger Verzinsung, indem man immer mehr und gleichzeitig immer kürzere Teilperioden betrachtet ($m \to \infty$). Dieses theoretische Modell findet breite Anwendung in der Finanzmathematik der Kapitalmärkte.

★ Stetige Verzinsung mit dem Zinssatz i führt auf einen höheren Endwert als einmalige Verzinsung mit dem gleichen Zinssatz, stetige Verzinsung mit der zu i äquivalenten Zinsintensität δ hingegen auf denselben Endwert.

Rentenrechnung

Bezeichnungen

i	–	Zinssatz
n	–	Dauer; Anzahl der Zahlungsperioden
R	–	Höhe der Renten- bzw. Ratenzahlungen
q, v	–	Aufzinsungs- bzw. Abzinsungsfaktor: $q = 1 + i$, $v = \frac{1}{q}$

Grundlegende Formeln

Voraussetzung: Zins- und Ratenperiode stimmen überein.

$$E_n^{\text{vor}} = R \cdot q \cdot \frac{q^n - 1}{q - 1} \quad - \text{ Endwert der vorschüssigen Rente}$$

$$B_n^{\text{vor}} = \frac{R}{q^{n-1}} \cdot \frac{q^n - 1}{q - 1} \quad - \text{ Barwert der vorschüssigen Rente}$$

$$E_n^{\text{nach}} = R \cdot \frac{q^n - 1}{q - 1} \quad - \text{ Endwert der nachschüssigen Rente}$$

$$B_n^{\text{nach}} = \frac{R}{q^n} \cdot \frac{q^n - 1}{q - 1} \quad - \text{ Barwert der nachschüssigen Rente}$$

$$B_\infty^{\text{vor}} = \frac{Rq}{q - 1} \quad - \text{ Barwert der vorschüssigen ewigen Rente}$$

$$B_\infty^{\text{nach}} = \frac{R}{q - 1} \quad - \text{ Barwert der nachschüssigen ewigen Rente}$$

$$n = \frac{1}{\ln q} \cdot \ln\left(\frac{E_n^{\text{nach}} \cdot i}{R} + 1 \right) = \frac{1}{\ln q} \cdot \ln\left(\frac{R}{R - B_n^{\text{nach}} \cdot i} \right) - \text{ Laufzeit}$$

Zahlungsperiode $<$ Zinsperiode

Erfolgen pro Zinsperiode m Ratenzahlungen, sind in obigen Formeln die Größen r durch $R = r\left(m + \dfrac{m+1}{2} \cdot i\right)$ bei vorschüssiger und $R = r\left(m + \dfrac{m-1}{2} \cdot i\right)$ bei nachschüssiger Zahlung zu ersetzen (*Jahresersatzrate*). Diese Beträge entstehen erst am Ende der Zinsperiode, sodass stets **nachschüssige** Rentenformeln anzuwenden sind.

Bar- und Endwertfaktoren

$$
\begin{aligned}
a_{\overline{n}|} &= \frac{1}{q} + \frac{1}{q^2} + \frac{1}{q^3} + \ldots + \frac{1}{q^n} &&= \frac{q^n - 1}{q^n(q-1)} \\[2mm]
&= v + v^2 + v^3 + \ldots + v^n &&= v \cdot \frac{1 - v^n}{1-v} = \frac{1 - v^n}{i} \\[2mm]
\ddot{a}_{\overline{n}|} &= 1 + \frac{1}{q} + \frac{1}{q^2} + \ldots + \frac{1}{q^{n-1}} &&= \frac{q^n - 1}{q^{n-1}(q-1)} \\[2mm]
&= 1 + v + v^2 + \ldots + v^{n-1} &&= \frac{1 - v^n}{1-v} = \frac{1 - v^n}{d} \\[2mm]
s_{\overline{n}|} &= 1 + q + q^2 + \ldots + q^{n-1} &&= \frac{q^n - 1}{q - 1} \\[2mm]
\ddot{s}_{\overline{n}|} &= q + q^2 + q^3 + \ldots + q^n &&= q \cdot \frac{q^n - 1}{q - 1} \\[2mm]
a_{\overline{\infty}|} &= \frac{1}{q} + \frac{1}{q^2} + \frac{1}{q^3} + \ldots &&= \frac{1}{q - 1} \\[2mm]
&= v + v^2 + v^3 + \ldots &&= \frac{1}{i} \\[2mm]
\ddot{a}_{\overline{\infty}|} &= 1 + \frac{1}{q} + \frac{1}{q^2} + \ldots &&= \frac{q}{q - 1} \\[2mm]
&= 1 + v + v^2 + \ldots &&= \frac{1}{d}
\end{aligned}
$$

Tilgungsrechnung

Bezeichnungen

p	–	Zinssatz (in Prozent)
n	–	Anzahl der Rückzahlungsperioden
i	–	Zinssatz: $i = \frac{p}{100}$
q	–	Aufzinsungsfaktor: $q = 1 + i$
S_0	–	Darlehen, Anfangsschuld
S_k	–	Restschuld am Ende der k-ten Periode
T_k	–	Tilgungsbetrag in der k-ten Periode
Z_k	–	Zinsbetrag in der k-ten Periode
A_k	–	Annuität in der k-ten Periode

Tilgungsarten

Ratenschuldtilgung: Tilgungsraten konstant: $T_k = T = \dfrac{S_0}{n}$, Zinsen fallend

Annuitätentilgung: Annuitäten konstant: $A_k = A = $ const, Zinsen fallend, Tilgungsbeträge steigend

Zinsschuldtilgung bzw. *endfällige Tilgung*: $A_k = S_0 i$, $k = 1, \ldots, n-1$; $A_n = S_0(1+i)$

★ In einem *Tilgungsplan* werden für jede Periode alle relevanten Größen (Zinsen, Tilgung, Annuität, Restschuld) tabellarisch dargestellt.

★ Ein typisches Beispiel für die Zinsschuldtilgung sind *Anleihen*.

Grundlegende Formeln

$A_k = T_k + Z_k$	– Annuität, bestehend aus Tilgung plus Zinsen
$S_k = S_{k-1} - T_k$	– Restschuld in Periode k = Restschuld in Periode $k - 1$ minus Tilgungsbetrag in Periode k
$Z_k = S_{k-1} \cdot i$	– Zinsen in k-ter Periode, gezahlt auf Restschuld am Ende von Periode $k - 1$

Ratenschuldtilgung (Zinsperiode = Zahlungsperiode)

$$T_k = \frac{S_0}{n} \qquad - \text{ Tilgung in der } k\text{-ten Periode}$$

$$Z_k = S_0 \cdot \left(1 - \frac{k-1}{n}\right) i \quad - \text{ Zinsen in der } k\text{-ten Periode}$$

$$A_k = \frac{S_0}{n}\left[1 - (n-k+1)i\right] \quad - \text{ Annuität in der } k\text{-ten Periode}$$

$$S_k = S_0 \cdot \left(1 - \frac{k}{n}\right) \qquad - \text{ Restschuld am Ende der } k\text{-ten Periode}$$

Annuitätentilgung

Voraussetzung: Zinsperiode und Zahlungsperiode stimmen überein.

$$A = S_0 \cdot \frac{q^n(q-1)}{q^n-1} \qquad - \text{ Annuität}$$

$$S_0 = \frac{A \cdot (q^n - 1)}{q^n \cdot (q-1)} \qquad - \text{ Anfangsschuld}$$

$$T_k = T_1 q^{k-1} = (A - S_0 \cdot i)q^{k-1} \qquad - \text{ Tilgung in der } k\text{-ten Periode}$$

$$S_k = S_0 q^k - A \cdot \frac{q^k - 1}{q-1} = S_0 - T_1 \cdot \frac{q^k - 1}{q-1} \qquad - \text{ Restschuld am Ende der } k\text{-ten Periode}$$

$$Z_k = S_0 i - T_1(q^{k-1} - 1) = A - T_1 q^{k-1} \qquad - \text{ Zinsen in der } k\text{-ten Periode}$$

$$n = \frac{1}{\ln q} \cdot \ln\left(\frac{A}{A - S_0 i}\right) \qquad - \text{ Dauer bis zur vollständigen Tilgung}$$

★ Die Tilgungsraten erhöhen sich genau um den Betrag, um den sich die Zinsen verringern, sodass die Summe der beiden Größen, also die Annuität, konstant bleibt.

Annuitätentilgung bei unterjährigen Tilgungszahlungen

Annahme: In jeder Zinsperiode werden m konstante unterjährige Annuitäten $A^{(m)}$ gezahlt.

$$A^{(m)} = \frac{A}{m + \frac{m-1}{2} \cdot i} \quad - \text{ nachschüssige Zahlung in „kurzer" Periode}$$

$$A^{(m)} = \frac{A}{m + \frac{m+1}{2} \cdot i} \quad - \text{ vorschüssige Zahlung in „kurzer" Periode}$$

Spezialfall: monatliche Zahlungen, jährliche Verzinsung

$$A_{\text{mon}} = \frac{A}{12 + 5,5i} \quad - \text{ Zahlungen am Monatsende}$$

$$A_{\text{mon}} = \frac{A}{12 + 6,5i} \quad - \text{ Zahlungen zu Monatsbeginn}$$

Kursrechnung und Renditeberechnung

Bezeichnungen

C	–	Kurs (in Prozent)
$K_{\text{nom}}, K_{\text{real}}$	–	Nominal- bzw. Realkapital (oder -wert)
n	–	(Rest-) Laufzeit
p, p_{eff}	–	Nominal- bzw. Effektivzinssatz (in Prozent)
$a = C - 100$	–	Agio bei Über-pari-Kurs
$d = 100 - C$	–	Disagio bei Unter-pari-Kurs
$q_{\text{eff}} = 1 + \frac{p_{\text{eff}}}{100}$	–	Aufzinsungsfaktor

★ Bei bekannter Rendite (Effektivzinssatz) lässt sich der theoretische Kurs (auch als *fairer Wert* bezeichnet) berechnen. Ist umgekehrt der Kurs eines festverzinslichen Wertpapiers gegeben (der sich durch Angebot und Nachfrage herausbildet), so kann man die zugehörige Rendite mithilfe des Äquivalenzprinzips ermitteln.

Kursformeln

$$C = \frac{1}{q_{\text{eff}}^n} \cdot \left(p \cdot \frac{q_{\text{eff}}^n - 1}{q_{\text{eff}} - 1} + 100 \right) \quad \text{–} \quad \begin{array}{l} \text{Kurs einer Zinsschuld (z. B.} \\ \text{Anleihe)} \end{array}$$

$$C = 100 \cdot \frac{p}{p_{\text{eff}}} \qquad \text{–} \quad \text{Kurs einer ewigen Rente}$$

$$p_s = \frac{100}{C} \left(p - \frac{a}{n} \right) = \frac{100}{C} \left(p + \frac{d}{n} \right) \quad \text{–} \quad \begin{array}{l} \text{näherungsweise Rendite einer} \\ \text{Zinsschuld (Kurs über bzw.} \\ \text{unter pari); Börsenformel} \end{array}$$

★ Bei gegebenem Kurs C kann die Rendite aus obigen Gleichungen i. Allg. nur näherungsweise durch das Lösen einer Polynomgleichung höheren Grades ermittelt werden (▶ S. 36).

Renditeberechnung

Die *Rendite* (*Effektivzinssatz*, *Realzinssatz*) ist die einer Vereinbarung bzw. Geldanlage oder -aufnahme zugrunde liegende tatsächliche, einheitliche, durchschnittliche und – wenn nicht ausdrücklich anders vereinbart – auf den Zeitraum von einem Jahr bezogene Verzinsung. Sie dient dem Vergleich verschiedener Zahlungspläne, Finanzprodukte, Angebote usw.

Gründe, warum die Rendite bzw. der Effektivzinssatz vom Nominalzinssatz abweichen kann, können u. a. in Folgendem liegen: Gebühren, Boni, Aufgelder (Agios) oder Abgelder (Disagios), Abschläge bei der Auszahlung eines Darlehens, zeitliche Verschiebungen von Zahlungen oder deren Gutschriften, nicht korrekte Verrechnug von Zinsen (insbesondere bei unterjähriger Zahlungsweise).

Äquivalenzprinzip (Barwertvergleich)

Zur Berechnung der Rendite einer Zahlungsvereinbarung, Geldanlage etc. dient das *Äquivalenzprinzip*, bei dem, bezogen auf einen festen Zeitpunkt t, die Leistungen des Gläubigers den Leistungen des Schuldners oder auch die Zahlungen bei einer Zahlungsweise denen bei einer anderen Zahlungsweise gegenübergestellt werden. Wird dabei $t = 0$ gewählt, spricht man vom *Barwertvergleich*. Zur Berechnung der Rendite sind in aller Regel numerische Lösungsverfahren (▶ S. 36) anzuwenden.

Effektivzinsberechnung laut Preisangabenverordnung

m – Anzahl der Einzelzahlungen des Darlehens

n – Anzahl der Tilgungszahlungen (inklusive Kosten)

t_k – der in Jahren oder Jahresbruchteilen ausgedrückte Zeitabstand zwischen dem Zeitpunkt der ersten Darlehensauszahlung und dem Zeitpunkt der Darlehensauszahlung mit der Nummer k, $k = 1, \ldots, m$; $t_1 = 0$

t_j' – der in Jahren oder Jahresbruchteilen ausgedrückte Zeitabstand zwischen dem Zeitpunkt der ersten Darlehensauszahlung und dem Zeitpunkt der Tilgungszahlung oder Zahlung von Kosten mit der Nummer j, $j = 1, \ldots, n$

A_k – Auszahlungsbetrag des Darlehens mit der Nummer k, $k = 1, \ldots, m$

A_j' – Betrag der Tilgungszahlung oder einer Zahlung von Kosten mit der Nummer j, $j = 1, \ldots, n$

Ansatz zur Berechnung der effektiven Jahreszinsrate i (*Äquivalenzprinzip* in Form des *Barwertvergleichs*):

$$\sum_{k=1}^{m} \frac{A_k}{(1+i)^{t_k}} = \sum_{j=1}^{n} \frac{A_j'}{(1+i)^{t_j'}} \,.$$

★ Die von Kreditgeber und Kreditnehmer zu unterschiedlichen Zeitpunkten gezahlten Beträge sind nicht notwendigerweise gleich groß und werden nicht notwendigerweise in gleichen Zeitabständen entrichtet.

★ Anfangszeitpunkt = Tag der ersten Darlehensauszahlung ($t_1 = 0$).

★ Die Zeiträume t_k und t_j' werden in Jahren oder Jahresbruchteilen ausgedrückt. Zugrunde gelegt werden für das Jahr 365 Tage, 52 Wochen oder 12 gleichlange Monate, wobei für letztere eine Länge von $365/12 = 30{,}41\overline{6}$ Tagen angenommen wird.

★ Der Vomhundertsatz ist auf zwei Dezimalstellen genau anzugeben; die zweite Dezimalstelle wird aufgerundet, wenn die folgende Ziffer größer oder gleich 5 ist.

★ Der effektive Zinssatz wird entweder algebraisch oder mit numerischen Näherungsverfahren berechnet (s. S. 36).

Investitionsrechnung

Die mehrperiodige Investitionsrechnung liefert Methoden zur Beurteilung der Wirtschaftlichkeit von Investitionen. Die bekanntesten sind die *Kapitalwertmethode* und die *Methode des internen Zinsfußes*.

Bezeichnungen

E_k, A_k	–	Einnahme (Ausgabe) zum Zeitpunkt k
C_k	–	Einnahmeüberschuss zum Zeitpunkt k: $C_k = E_k - A_k$
K_E, K_A	–	Kapitalwert der Einnahmen bzw. Ausgaben
C	–	Kapitalwert der Investition
n	–	Anzahl der Perioden
i	–	Kalkulationszinssatz
q	–	Aufzinsungsfaktor: $q = 1 + i$

Kapitalwertmethode

$$K_E = \sum_{k=0}^{n} \frac{E_k}{q^k}$$ – Kapitalwert der Einnahmen; Summe der Barwerte aller zukünftigen Einnahmen

$$K_A = \sum_{k=0}^{n} \frac{A_k}{q^k}$$ – Kapitalwert der Ausgaben; Summe der Barwerte aller zukünftigen Ausgaben

$$C = \sum_{k=0}^{n} \frac{C_k}{q^k} = K_E - K_A$$ – Kapitalwert der Einnahmeüberschüsse

★ Bei $C = 0$ entspricht die Investition dem gegebenen Kalkulationszinssatz p, bei $C > 0$ ist ihre Rendite höher, bei $C < 0$ niedriger als p. Stehen mehrere Investitionen zur Auswahl, wird derjenigen mit dem höchsten Kapitalwert der Vorzug gegeben.

Methode des internen Zinsfußes

Der *interne Zinsfuß* p_{int} ist ein Zinssatz (es kann mehrere geben), bei dem der Kapitalwert der Investition gleich null ist, d. h. $C = 0$ bzw. $K_A = K_E$. Die Lösung dieser Gleichung entspricht der Nullstellenbestimmung einer Polynomgleichung n-ten Grades, wozu i. Allg. numerische Methoden (▶ S. 36) einzusetzen sind. Bei mehreren möglichen Investitionen wird diejenige mit dem höchsten internen Zinsfuß ausgewählt. Ist r eine geforderte Mindestrendite, so ist für $p_{\text{int}} \geq r$ die Investition als vorteilhaft zu bewerten.

Abschreibungen

Abschreibungen beschreiben die Wertminderung von Anlagegütern. Die Differenz aus Anfangswert (Anschaffungspreis, Herstellungskosten) und Abschreibung ergibt den *Buchwert*.

n	–	Nutzungsdauer (in Jahren)
A	–	Anfangswert
w_k	–	Wertminderung (Abschreibung) nach k Jahren
R_k	–	Buchwert nach k Jahren (R_n – Restwert)

Lineare Abschreibung

$w_k = w = \dfrac{A - R_n}{n}$	–	jährliche Abschreibung
$R_k = A - k \cdot w$	–	Buchwert nach k Jahren

Degressive Abschreibung (Abnahme um jeweils s Prozent vom Vorjahresbuchwert)

$R_k = A \cdot \left(1 - \dfrac{s}{100}\right)^k$	–	Buchwert nach k Jahren
$s = 100 \cdot \left(1 - \sqrt[n]{\dfrac{R_n}{A}}\right)$	–	Abschreibungsprozentsatz
$w_k = A \cdot \dfrac{s}{100} \cdot \left(1 - \dfrac{s}{100}\right)^{k-1}$	–	Abschreibung im k-ten Jahr

Übergang von degressiver zu linearer Abschreibung

Unter der Voraussetzung $R_n = 0$ ist es zweckmäßig, die Abschreibungen bis zum Jahr $\lceil k \rceil$ mit $k = n + 1 - \dfrac{100}{s}$ geometrisch-degressiv, danach linear vorzunehmen.

Literaturverzeichnis

[1] Hettich, G., Jüttler, H., Luderer, B.: Mathematik für Wirtschafts-wissenschaftler und Finanzmathematik (11. Auflage), Oldenbourg Wissenschaftsverlag, München (2012)

[2] Kurz, S., Rambau, J.: Mathematische Grundlagen für Wirt-schaftswissenschaftler (2. Auflage), Kohlhammer, Stuttgart (2012)

[3] Luderer, B.: Klausurtraining Mathematik und Statistik für Wirt-schaftswissenschaftler (4. Auflage), Springer Gabler, Wiesbaden (2014)

[4] Luderer, B., Kalkschmid-Paape, C., Würker, U.: Arbeits-und Übungsbuch Wirtschaftsmathematik (6. Auflage), Vie-weg + Teubner, Wiesbaden (2012)

[5] Luderer, B., Nollau, V., Vetters, K.: Mathematische Formeln für Wirtschaftswissenschaftler (8. Auflage), Springer Gabler, Wiesba-den (2015)

[6] Luderer, B., Würker, U.: Einstieg in die Wirtschaftsmathematik (9. Auflage), Springer Gabler, Wiesbaden (2014)

[7] Matthäus, H., Matthäus, W.-G.: Mathematik für BWL-Bachelor: Schritt für Schritt mit ausführlichen Lösungen (4. Auflage), Sprin-ger Gabler, Wiesbaden (2014)

[8] Matthäus, H., Matthäus, W.-G.: Mathematik für BWL-Bachelor: Übungsbuch – Ergänzungen für Vertiefung und Training (3. Auflage), Springer Gabler, Wiesbaden (2016)

[9] Purkert, W.: Brückenkurs Mathematik für Wirtschaftswissen-schaftler (8. Auflage), Springer Gabler, Wiesbaden (2014)

[10] Tietze, J.: Einführung in die angewandte Wirtschaftsmathematik: Das praxisnahe Lehrbuch – inklusive Brückenkurs für Einsteiger (17. Auflage), Springer Spektrum, Wiesbaden (2013)

[11] Vetters, K.: Formeln und Fakten im Grundkurs Mathematik (4. Auflage), Teubner, Wiesbaden (2007)

[12] Zeidler, E. (Hrsg.): Springer-Taschenbuch der Mathematik (3. Auflage), Springer Spektrum, Wiesbaden (2012)

Sachwortverzeichnis

Printed in the United States
By Bookmasters